西安交通大學

专业学位研究生教育系列教材

计算方法

凌永祥

西安交通大学出版社
XI'AN JIAOTONG UNIVERSITY PRESS

内容简介

本书是为工程硕士研究生学习“计算方法”课程编写的教材，内容包括和数值方法涉及的基本问题，线性方程组的直接解法与迭代解法，数值逼近方法，数值微积分，非线性方程迭代解法。本书用比较直观，简洁的语言和方法引入计算机上使用的基本的数值方法，并给出了较多的算例，使读者对方法的来源、应用范围、应用中应注意的问题有一个比较清楚的理解。

本书可以作为工程硕士研究生学习“计算方法”课程的教材，也适合学习数值方法基础知识的工程技术人员、工科学生使用。

图书在版编目(CIP)数据

计算方法/凌永祥编著．—西安：西安交通大学出版社，2008.4
(2015.5 重印)
(西安交通大学专业学位研究生教育系列教材)
ISBN 978-7-5605-2713-0

Ⅰ.计… Ⅱ.凌… Ⅲ.工程计算—计算方法—研究生—教材
Ⅳ.TB115

中国版本图书馆 CIP 数据核字(2008)第 016797 号

书　　名　计算方法
编　　著　凌永祥
责任编辑　叶　涛

出版发行　西安交通大学出版社
(西安市兴庆南路 10 号　邮政编码 710049)
网　　址　http://www.xjtupress.com
电　　话　(029)82668357　82667874(发行中心)
(029)82668315(总编办)
传　　真　(029)82668280
印　　刷　西安明瑞印务有限公司

开　　本　727mm×960mm　1/16　**印张** 8.75　**字数** 157 千字
版次印次　2008 年 4 月第 1 版　2015 年 5 月第 3 次印刷
书　　号　ISBN 978-7-5605-2713-0/TB·43
定　　价　18.00 元

读者购书、书店添货、如发现印装质量问题，请与本社发行中心联系、调换。
订购热线：(029)82665248　(029)82665249
投稿热线：(029)82664954
读者信箱：jdlgy31@126.com

序

为适应专业学位研究生教育发展需求，改革教学内容和教学方法，促进专业学位研究生教育整体水平的进一步提高，西安交通大学研究生院决定加强专业学位研究生教育核心教材建设，编辑出版工商管理(MBA)、公共管理(MPA)、工程硕士等专业学位系列教材，这是专业学位建设中一件非常有意义的事情。

专业学位的设立丰富了我国学位类型，主动地适应了我国经济建设，社会进步和国家安全的需要，保证了研究生教育与社会人才市场需求协调发展，在构造学习型社会，实现我国“小康”的伟大目标中发挥了重要作用。

专业学位是与各行业任职资格相联系的学位规格，主要是为国民经济建设部门培养高层次实用型人才。它与学术型人才不同，重在实际应用。因此，对于专业学位必须从应用型人才的能力要求来设置学位课程，更新教学内容，改革教学方法，使专业学位的学生具有获取知识的能力，实践应用的能力，研究创新的能力和沟通组织的能力。既要重视专业知识培养，又要加强人文素质培养，真正地使专业学位研究生教育服务于我国创新型国家建设的战略目标。

不同的专业学位有着不同的人才规格要求，但是同一个专业学位有着相对统一的要求，因此每个专业学位应当有相对稳定的核心课程，对于这些核心课程要有明确的教学大纲，并由具有丰富专业学位研究生教学经验且学术造诣较高的老师编写的教材。教材要符合专业学位研究生的要求，体现专业学位研究生的特色，有利于教师实施探索型的教学方法，倡导师生互动的教学形式。同时也要重视挖掘学生中实践经验并提升到基本原理，不断地丰富与完善专业学位教材。因此编写专业学位研究生教材不是简单重复的劳动，是一项需要创新的研究工作，也是一项教学改革的重要实践。

西安交通大学研究生院曾经于20世纪80年代在全国率先出版研究生系列教材，取得了好的效果，其中有不少教材评为全国优秀教材或推荐为研究生教学用书，至今仍一版再版。有些教材不断修正和完善，成为精品教材。我相信，这次推出的专业学位系列教材特色将更加鲜明，质量将更加优秀，将受到社会的更加关注，在应用型高层次人才培养中将发挥更重要的作用。

全国工程硕士教育指导委员会副主任委员

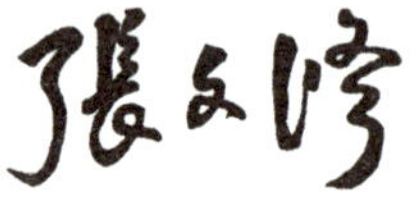

2007年10月15日

前　言

本书是为工程硕士研究生学习“计算方法”课程而编写的。

现代生产力及与之相伴的现代科学技术的迅猛发展，推动着现代计算机技术、软件技术和科学计算技术的迅速发展与普及。在工程技术研究与工程设计中复杂的数值计算已经是经常出现的问题，因此“计算方法”(或“数值分析”)已成为工程硕士教学计划中的一门重要课程，大多数工程硕士学科领域都已将它列入所设置的课程目录。

工程硕士教育从1997年开始，已全面开展十年有余。编者作为任课教师，也曾作为管理人员，一直在从事工程硕士教育工作，也始终在思考“计算方法”课程的内容应如何选择，采用怎样的教学方法为好。本书的编写是根据以下思路展开的。

首先，编者认为本课程应介绍最基本的数值计算方法，能告诉学习者：计算机(主要是基本的数学软件)上的数值方法的基本构造是怎样的，计算机可以处理的最基本的数学问题是什么，这些问题是用什么数值方法解决的，其基本的思路应如何。从而使学习者知道，面对实际工作中出现的数学问题，如果去寻求数学软件解决，应寻找哪些软件。如果是简单的问题，用什么方法解，怎样编写简单的程序求解。

其次，本书的读者对象主要是工程硕士，他们又有特殊的问题。他们大部分离开学校时间比较长，在本科阶段学习的微积分知识多数人使用较少，而线性代数等课程在大学学习的时数本来就少。同时大部分工程硕士在企业中作为技术干部都担任生产管理或基层的技术工作，平时工作中较少用到本书所涉及的知识。而且由于工程硕士教育的特殊情况：一是不脱产学习，自身工作一般都很紧张；二是工程硕士所在企业与办班高校有不少不在同一城市，因此教学方法往往采用教师在教学点集中授课。因此工程硕士的教材宜采用基本内容较全的方式，并附有必要的基础知识，便于新内容的学习；又因为是异地教学，因此教材内容宜详细些，基本内容在教材中应比较系统完整，一般不必在复习时再去查阅过多的参考资料，以便在课后阅读本教材就能比较完整地理解所学知识；而进一步提高的内容可以在附录、注解等部分中加以介绍。

第三，编者认为作为工程硕士的教材，主要应介绍方法的形成、结构、如何应用、通常出现的问题等，而不必过多讲解诸如误差分析与稳定性等内容，因此编者始终主张将课程名称定为“计算方法”，而不须勉强称为“数值分析”，原因很简单：

因为基本上没有对方法进行数值分析。当然，对稳定性与问题的性态这两个基本概念必须介绍，使学习者明确在进行数值计算时必须考虑这两个方面的问题，否则结果可能是不可靠的。本书采用了尽可能直观简单的方法给出这两个概念的解释，从近年教学效果看，已得到学生的接受，但不知道广大同行专家的意见如何，希望得到大家的批评指正。

最后，本书是根据我校“计算方法”的教学大纲编写的，与工程硕士教学指导委员会数学课程专家组提出的指导性大纲有所不同。主要是少了矩阵特征值、常微分方程数值方法这两部分内容。但作为36～40学时的教材，可能也只能选这些内容了。

与本书配套的另有一本习题辅导，主要是帮助学习者掌握算法的理解，读者如果感兴趣可以参考。

学习“计算方法”课程的一个重要方法是实践，学习者应该用这些方法进行一些实际计算，或自己通过一些算例熟悉、比较这些方法，也只有这样才能真正掌握这些方法，当然由于工程硕士的实际情况，只能由他们自己安排时间进行“上机实践”。但教师必须注意指导学生的“上机实践”，包括经常出现的问题，简单的数据分析等。

西北工业大学彭国华教授仔细审阅了全书，提出了宝贵的意见。西安交通大学科学计算系的部分同志曾使用过本书的蓝本，为本书的形成提出了不少宝贵的意见和建议。西安交通大学研究生院和西安交通大学出版社对本书的出版给予了大力的支持，在此，谨表诚挚的谢意。

由于编者的水平有限，谬误和不妥之处在所难免，恳请同行专家和读者提出宝贵意见，以便以后再版时改正与提高。

凌永祥

目　录

序

前言

第1章　绪论

1.1　数值计算 …………………………………… (1)

1.2　数值方法的分析 …………………………………… (2)

1.2.1　计算机上的运算——浮点运算 …………………………………… (3)

1.2.2　算法分析 …………………………………… (7)

第2章　线性方程组求解

2.1　Gauss 消去法 …………………………………… (12)

2.1.1　消去法 …………………………………… (12)

2.1.2　(列)主元消去法 …………………………………… (17)

2.2　矩阵分解 …………………………………… (20)

2.2.1　Gauss 消去法的矩阵意义——矩阵的三角分解 …………………………………… (20)

2.2.2　矩阵的 LU 分解 …………………………………… (22)

2.2.3　其他三角分解 …………………………………… (23)

2.2.4　解三对角矩阵的追赶法 …………………………………… (26)

2.3　线性方程组解的可靠性 …………………………………… (29)

2.3.1　向量与矩阵范数 …………………………………… (29)

2.3.2　残向量与误差的代数表征 …………………………………… (33)

2.4　线性方程组的迭代解法 …………………………………… (36)

2.4.1　基本迭代法 …………………………………… (37)

2.4.2　迭代法的矩阵表示 …………………………………… (38)

2.4.3　收敛性 …………………………………… (40)

2.4.4　迭代终止的判据 …………………………………… (49)

第3章　数据近似

3.1　多项式插值 …………………………………… (53)

3.1.1　插值多项式 …………………………………… (54)

3.1.2　Lagrange(形式)插值多项式 …………………………………… (55)

3.1.3　Newton(形式)插值多项式 …………………………………… (56)

3.1.4　带导数条件的插值多项式 …………………………………… (60)

3.1.5 插值公式的余项 …… (61)
3.1.6 Runge 现象 …… (63)
3.2 分段插值 …… (66)
3.2.1 分段线性插值 …… (66)
3.2.2 分段三次多项式插值——样条插值 …… (67)
3.3 最小二乘近似 …… (72)
3.3.1 (线性)最小二乘问题的法方程 …… (72)
3.3.2 正交化算法 …… (73)

第4章 数值积分和数值导数

4.1 内插求积的 Newton-Cotes 公式 …… (79)
4.1.1 Newton-Cotes 公式 …… (80)
4.1.2 复化求积公式(Composite Numerical Integration) …… (83)
4.1.3 步长的选取——变步长积分法 …… (84)
4.1.4 Romberg 积分 …… (86)
4.1.5 待定系数法 …… (88)
4.1.6 样条函数的应用 …… (94)
4.2 数值微分 …… (95)
4.2.1 插值公式方法 …… (95)
4.2.2 Taylor 公式方法(待定系数法) …… (97)
4.2.3 外推法 …… (99)

第5章 非线性方程求解

5.1 解一元方程的迭代法 …… (103)
5.1.1 简单迭代法 …… (104)
5.1.2 Newton 迭代法 …… (105)
5.1.3 割线法 …… (108)
5.1.4 区间方法 …… (109)
5.2 收敛性问题 …… (110)
5.2.1 简单迭代的收敛性 …… (110)
5.2.2 迭代改善 …… (113)
5.2.3 Newton 法的收敛性 …… (115)
5.2.4 收敛速度 …… (118)

附录Ⅰ 微积分的一些结论 …… (122)
附录Ⅱ 矩阵代数 …… (123)
习题参考答案 …… (129)

第1章　绪论

1.1　数值计算

自从1946年第一台电子计算机问世以来，现代电子计算机在科学技术的各领域中得到广泛应用，为复杂数学问题的定量研究与解决，提供了强有力的运算工具，同时显示了其对社会发展和科学技术发展所起到的强大推动作用，"科学计算"已与理论方法、实验方法一起成为科学方法的第三分支.

现代科学的发展，借助于计算机强大的数值计算能力与逻辑运算能力，已经推动，并在不断地推动着科学与技术从定性研究发展到定量研究.不可否认，计算机已成为将数学应用于现代科学技术各领域的最强大的工具.

通常我们面对的理论问题与技术问题，几乎都可以从中获得理论模型(如物理模型、人口发展模型、经济模型等)，再从中抽象出数学模型.一般地，人们的研究往往都是从实际研究课题中提取数学模型，通过求解数学模型获得合适的数据，再将获得的数据回放到所研究的问题中，考察是否符合要求，符合实际情况.因此，求解这些数学模型求得数值结果，已成为人们完成科学研究和工程实际的不可缺少的必要步骤.

1. 本课程的任务

随着现代科学技术的发展，我们可以发现，一方面各类学科、技术已经越来越深入科学和技术的核心，它们与现代数学的结合越来越紧密，大量运用已经变得越来越抽象的各种数学理论、概念和符号；但这些数学理论、概念和符号似乎越来越复杂，似乎与实际工作者越来越远.另一方面计算机技术发展越来越快，大量过去认为不可能解决的问题都可以用计算机实现解决了，其中的一个重要关键就是已经出现了能将各类复杂、抽象的数学问题变成可以用计算机求解的各种数值方法和数学软件.

本课程的任务就是让学生了解求解若干数学问题的最基本的数值方法."数值方法"一词可以用非常简单的语言解释——如何将高等数学的问题回归到初等数学(算术)的方法求解——因为计算机最基本的结构只会进行简单的四则运算(一般的算法语言也只包括基本的函数运算).本课程就介绍在计算机上进行数值计算

的基础方法和基本结构，并研究其性质. 我们在使用通常的数值软件时会遇到各种名称的算法，希望通过本课程的学习，能了解一些基本算法的来源、结构、基本性质和应用条件，从而可以知道数值软件中常见的一些算法，使我们今后可以应用一般的数值软件解决遇到的一些简单的问题.

本课程的基本立足点是：一方面，面向数学——解决数学问题，使数学问题得到不仅仅是理论的解决，而是得到数值上的解决；另一方面，面向计算机——利用现代计算机作为工具，考虑到计算机的存储能力、计算机的计算速度，充分发挥计算机的功能，设计算法，解决数学问题. 例如：迭代法、并行算法等，就是有了计算机，尤其是现代的“并行计算机”后，才发展起来的算法.

2. 问题的类型

若将讨论的问题作简单的分类，可以分为以下几类：

(1)离散问题 讨论的对象本身就是离散的. 例如求解线性方程组 $\boldsymbol{Ax}=\boldsymbol{b}$，这是从离散数据：矩阵 $\boldsymbol{A}$ 和向量 $\boldsymbol{b}$，求解离散数据 $\boldsymbol{x}$；

(2)连续问题的离散化处理 例如数值积分、数值微分、微分方程数值解等. 这些问题本身作为数学问题一般是连续问题(如积分、导数和微分方程都是连续问题)，求这些连续问题在某些节点上的数值，有一部分问题可以从理论上通过求得函数再解得它们的数值，但更多的可能不能用有限的数学方法解决(例如有些积分没有一般意义下的原函数，有些微分方程没有有限表示形式的函数解)，只能用数值方法得到符合某些要求的近似的数值解.

(3)离散问题的连续化处理 例如数据近似、统计分析计算；它们都是从具体的数据点开始，寻求这些数据自身符合的函数表达(实际上的大多数函数都是连续函数).

1.2 数值方法的分析

我们将本教材命名为“计算方法”，而不是“数值分析”(数学专业的教材，国外的教材往往用此名称)，是因为本书主要是介绍方法，而对方法数值性质的分析仅仅作一般性的简单介绍.

本章先不讨论具体算法的数值分析，而只是简单地介绍建立或应用数值方法将涉及到的一些基本的数值问题，或对方法经常进行的基本算法分析的一般内容. 为此，先介绍算法分析的基础——误差.

一般来讲，在进行数值计算时出现的误差主要有两类、三种.

(1)公式误差——“截断误差”

由于计算机硬件实际上只能进行“加、减、乘、除”四种基本运算，对于一般的数学方程、数学公式都无法直接进行数值计算，都要通过适当的变换，形成合适的算法. 这样的算法形成的过程都是人为的——一种主观的思维. 数学问题—数值方法的转换，也就是一般数学问题的数值解，特别是大多连续问题与离散问题转换的数值计算公式，及对连续的数学函数在计算机上进行计算时，一般都会发生误差，这样的数学问题的理论解(也可以称为是数学解)与数值解之间的差异，或称为误差，通常称之为“截断误差”：$r(x)=f(x)-\varphi(x)$. 其中 $f(x)$ 为理论解，$\varphi(x)$ 为数值解. 显然这个问题是形成(或构造)数值方法时首先会想到的问题，将在以后针对具体问题进行讨论.

(2)舍入误差及输(出)入误差

现在我们讨论的算法一般都是指计算机上采用的算法. 计算机在执行人安排的计算过程中，由于计算机的存储器、运算器的运算单元，也就是“计算机的字长”是有限的，因此在运算和存储中必然会发生靠后的若干位数字的舍入，从而形成计算的舍入误差；其次，在人机数据交换过程中，十进制数和二进制数的转换也会导致误差发生，这就是输(出)入误差. 这两种误差主要是由于计算机的字长有限，采用浮点数系所致.

1.2.1 计算机上的运算——浮点运算

既然是面向计算机设计的算法，则先要讨论在计算机上数的表示. 通常我们使用的实数和计算机上使用的浮点数(一般是二进制浮点数)的不同表示方法将会产生误差.

目前，一般计算机都采用浮点数系，一个存储单元可以分成首数和尾数：

×	×	…	±	×	×	×	…	×	×

首数 l　　　　尾数(t 位)

其中，首数 l 存放数的指数(或“阶”)部分，尾数存放(t 位)有效数字. 通常的科学记数法就是十进制的浮点数：数字的数位(即数量级)用十的指数表示，小数点之前的数全为零，小数点后第一个数不能为零. 一般地：对于 β 进制，任何一个实数都可以表示为

$$x=\pm\left(\frac{d_1}{\beta}+\frac{d_2}{\beta^2}+\cdots+\frac{\tilde{d}_t}{\beta^t}+\cdots\right)\times\beta^l,\qquad \begin{array}{l}1\leqslant d_1<\beta\\ 0\leqslant d_j<\beta,j=2,3,\cdots\end{array}$$

在有限字长的存储方式下，在 t 位的 $\frac{\tilde{d}_t}{\beta^t}$ 后的数字按“四舍五入”的方式略去，便形成尾数字长为 t 位的浮点数系 $F(\beta,t,L,U)$，上述数字对应的浮点数，以下述形式表示：

$$fl(x)=\pm\left(\frac{d_1}{\beta}+\frac{d_2}{\beta^2}+\cdots+\frac{d_t}{\beta^t}\right)\times\beta^{l},\qquad \begin{array}{l}1\leqslant d_1<\beta\\ 0\leqslant d_j<\beta,j=2,3,\cdots,t\end{array}$$

此处，指数 l（称为阶）限制在 $L\leqslant l\leqslant U$ 范围内，它的表示：

若实数系中的实数 $x\in\mathbf{R}$，它在浮点数系 $F(\beta,t,L,U)$ 中对应的浮点数记为 $fl(x)\in F(\beta,t,L,U)$——β 进制，t 尾数位数，L、U 则是阶 l（或指数）的上下界.

几乎所有现代计算机都采用“二进制”（即 $\beta=2$），位、字节和字分别是指位数不同的二进制数. 见表 1.1.

表 1.1 十进制数与二进制数的转换

十进制	转换	二进制
1	$1=2^0$	0000 0001
2	$2=2^1$	0000 0010
4	$4=2^2$	0000 0100
8	$8=2^3$	0000 1000
9	$9=2^3+2^0$	0000 1001
10	$10=2^3+2^1$	0000 1010
27	$27=16+8+2+1=2^4+2^3+2^1+2^0$	$\underbrace{0001\ 1011}_{1字节}$

位是 1 个二进制数（0 或 1）；1 个字节是 8 个二进制数；表 1.1 的最后一列是字节.

单精度浮点数（single precision）按 32 位存储，双精度浮点数（double precision）按 64 位存储. 精度用于指明每个浮点数保留多少位以及尾数和阶数各分配多少位. 单精度浮点数的尾数为 23 位、阶数为 8 位；双精度浮点数的尾数为 53 位（包含符号位）、阶数为 11 位（包含符号位）. 双精度浮点数的等价二进制数如下所示：

$$\overbrace{\underbrace{bbbb\cdots bb}_{11位指数(含符号位)}\quad\underbrace{f}_{符号位}\quad\underbrace{ddd\cdots ddddd}_{52位尾数}}^{64位}$$

浮点数的特点

(1) 实数转换到浮点数：总会产生误差（除极个别的情况外：$x=2^l,l=0,\pm1,\pm2,\cdots$）.

由于浮点数系中的数字总数有限，浮点数尾数的字长有限，因此实数（可以从其小数形式的进行考察）转化为浮点数时必须按四舍五入方式砍去其超过浮点数尾数长度 t 的数字，因此必然会出现误差. 其绝对误差可以证明总是：$|x-fl(x)|$

$\leqslant \frac{1}{2}\beta^{l-t}$；这是将实数转换为浮点数进行运算不可避免的缺点.

但它也有非常好的优点：浮点化产生的相对误差有界(与数字本身的数量级无关)

$$|\delta(x)| = \left|\frac{x - fl(x)}{x}\right| \leqslant \frac{1}{2}\beta^{1-t}$$

证明如下：设实数 $x \in \mathbf{R}$，则按 β 进制可表达为

$$x = \pm\left(\frac{d_1}{\beta} + \frac{d_2}{\beta^2} + \cdots \frac{d_t}{\beta^t} + \frac{d_{t+1}}{\beta^{t+1}} + \cdots\right) \times \beta^l, \quad \begin{array}{l} 1 \leqslant d_1 < \beta \\ 0 \leqslant d_j < \beta, j = 2, 3, \cdots, t, t+1, \cdots \end{array}$$

按四舍五入的原则，当它进入浮点数系 $F(\beta, t, L, U)$ 时，若 $d_{t+1} < \frac{1}{2}\beta$，则

$$fl(x) = \pm\left(\frac{d_1}{\beta} + \frac{d_2}{\beta^2} + \cdots \frac{d_t}{\beta^t}\right) \times \beta^l$$

若 $d_{t+1} \geqslant \frac{1}{2}\beta$，则 $fl(x) = \pm\left(\frac{d_1}{\beta} + \frac{d_2}{\beta^2} + \cdots + \frac{d_t + 1}{\beta^t}\right) \times \beta^l$

对第一种情况：

$$|x - fl(x)| = \left(\frac{d_{t+1}}{\beta^{t+1}} + \cdots\right) \times \beta^l \leqslant \frac{1}{\beta^t}\left(\frac{1}{2}\right) \times \beta^t = \frac{1}{2}\beta^{l-t}$$

对第二种情况：

$$|x - fl(x)| = \left(\frac{\beta - d_{t+1}}{\beta^{t+1}} - \cdots\right) \times \beta^l \leqslant \frac{1}{\beta^t}\left(\frac{1}{2}\right) \times \beta^t = \frac{1}{2}\beta^{l-t}$$

就是说总有：$|x - fl(x)| \leqslant \frac{1}{2}\beta^{1-t}$.

另一方面，由浮点数要求的 $1 \leqslant d_1 < \beta$，有 $|x| \geqslant \frac{1}{\beta}\beta^l$，将此两者相除，便得

$$\left|\frac{x - fl(x)}{x} \leqslant \frac{1}{2}\beta^{l-t}\right|$$

(2)每一个浮点数系的数字有限，总数为 $2(\beta-1)\beta^{t-1}(U-L+1)+1$

从浮点数的构造中可以知道，尾数的第 1 位由于不能为 0，故有$(\beta-1)$个数可选，而其后各位均可有 β 个数可选，因此尾数共$(\beta-1)\beta^{t-1}$个，而首数可有$(U-L+1)$个选项，每个数均可正可负，所以非 0 数共有 $2(\beta-1)\beta^{t-1}(U-L+1)$个，再加上数 0(通常认为 0 应该作为数系中不可缺少的元素，否则将无法运算).

(3) 浮点数系中的运算非自封闭(因为浮点数尾数的字长有限等).

例：在 $F(10, 4, -5, 5)$ 中，$x = 0.5420 \times 10^{-2}$，$y = 0.2001 \times 10^3$，运算 $x \cdot y$ 和 x/y，的结果显然已不在此浮点数系内，而 $x + y$ 或 $x - y$(若按实数意义下的运算方式计算的结果)也不在此浮点数系内. 一般总需对$(x \circ y)$(此处“$\circ$”表示“加、减乘

除乘方等某种运算”)的结果进行浮点化，$fl(x\circ y)$的结果才在此浮点数系内.

浮点运算应注意：

① 避免产生大结果的运算，尤其是避免小数作为除数参加运算；

② 避免“大”“小”数相加减；

③ 避免相近数相减，防止大量有效数字损失；

④尽可能简化运算步骤，减少运算次数.

原因：

记 $\Delta=\max|\delta(x)|=\max\left|\dfrac{x-fl(x)}{x}\right|=\dfrac{1}{2}\beta^{1-t}$，由 $|x-fl(x)|\leqslant\Delta|x|$，可得：

$|(x\circ y)-fl(x\circ y)|\leqslant\Delta|x\circ y|$(“$\circ$”表示某一种四则运算)

此处 Δ 是由机器字长(实质上是尾数字长 t 的大小)确定的常数(它反映了实际运算的精度).

首先，若要求运算的舍入误差小，应使运算结果(如：$x\pm y$，$x\cdot y$，x/y)较小. 尤其是除以小数字的运算：例如数 x 有误差 δ，除以小数字 y 以后，会出现误差：$\dfrac{x+\delta}{y}-\dfrac{x}{y}=\dfrac{\delta}{y}$，显然当 y 很小时，误差 $\dfrac{\delta}{y}$ 会很大.

其次，当浮点数系中两个数量级相差较大的数相加(或相减)，注意到由于浮点数系中数字字长的有限性，以及一方面在计算器中进行加法时先要将它们的首数对齐(即，使它们的首数相同)，另一方面在浮点数系中只有小数点后的部分才能在“尾数”部分表示出来，因此会能导致“大数吃小数”的现象. 例如，在浮点数系 $F(10,4,-5,5)$ 中，$x=0.8231\times10^3$，$y=0.2317\times10^{-1}$，则

$$x\pm y=0.8231\times10^3\pm0.2317\times10^{-1}=0.8231\times10^3\pm0.0000\times10^3=x$$

似乎 $y(|y|\ll|x|)$ 没有参加运算.

第三，同样由于浮点数系中数字字长的有限性，当两个相近数相减时，例如，在 $F(10,8,-5,5)$ 中，$x=0.82317844\times10^3$，$y=0.82317832\times10^3$，两数相减：$x-y=0.12000000\times10^{-3}$，计算结果仅剩 2 位有效数字，而原来参加运算的两个数都有 8 位有效数字，这将严重影响最终计算结果的精度.

最后，由于每步计算(在一般情况下)总会发生误差，因此一个计算任务若采取适当方法进行调节能减少运算量，都应该尽可能简化运算步骤，减少运算次数. 一方面可以节约运算时间，还可以减少误差.

(4)有效数字

将一个通常的十进制数按四舍五入的规则转化为十进制的 t 位字长的浮点数，实际上就是将此实数转化为 t 位有效数字.

例如：将数 $e=2.718281828459045235360287 47\cdots$ 按四舍五入的规则转化为 8

位有效数字：e≈2.7182818=0.27182818×10；若要求将数 e 按四舍五入的规则转化为 12 位有效数字，则 e≈2.71828182846=0.271828182846×10. 显然有效数字的数位与“十进制的 t 位字长的浮点数”是完全一致的.

由此可见，关于有效数字的一切性质完全可以由浮点数的性质得到.

1.2.2 算法分析

作为一个算法，必须考虑其效率和可靠性，只有高效率和高可靠性的算法才有意义.

定义 1.1　计算机完成一个乘(除)法和一个加(减)法，称为一个**浮点运算**(记为 flop——float operator)；而统计一个算法所需的浮点运算的总量，称为这个**算法的运算量**.

由于计算机在运算时，加(减)法所耗时间远少于乘(除)法，而且从统计的结果看，一个计算中加(减)法的总量与乘(除)法的总量基本相同，所以通常也可将乘(除)法的次数作为浮点运算的次数，因此也有“一个算法需要多少个‘乘法’”这一提法.

1. 计算效率——可计算性(算法的时间复杂性)

由解 n 元线性方程组 $\boldsymbol{Ax}=\boldsymbol{b}$ 的 Cramer 方法可知：$x_i=\dfrac{\boldsymbol{A}_i}{|\boldsymbol{A}|}$，$i=1,2,\cdots,n$，其中$|\boldsymbol{A}|$是方程组系数矩阵 $\boldsymbol{A}$ 对应的行列式，而$|\boldsymbol{A}_i|$则是以右端向量 $\boldsymbol{b}$ 替代 $\boldsymbol{A}$ 的第 i 列所得矩阵对应的行列式. 由线性代数知识可知，若 $\boldsymbol{A}=(a_{ij})$，则

$$|\boldsymbol{A}|=\sum(-1)^{J(i_1 i_2\cdots i_n)}\alpha_{1i_1}\alpha_{2i_2}\cdots\alpha_{ni_n}$$

其中 $J(i_1\ i_2\cdots i_n)$是由$\{1\ 2\cdots n\}$变换到$\{i_1\ i_2\cdots i_n\}$所需的置换次数(或逆序数). 由于全部$\{i_1\ i_2\cdots i_n\}$的不同排列共有 $n!$ 个，而计算 n 个数 $\alpha_{1i_1}\alpha_{2i_2}\cdots\alpha_{ni_n}$ 相乘需$(n-1)$个乘法，由此可见每计算一个行列式，需要$(n-1)\cdot n!$ 个浮点运算，而按此方法解线性方程组要计算$(n+1)$个行列式. 因此，按 Cramar 方法解方程组共需 $N=(n^2-1)\cdot n!$ 个浮点运算. 当 $n=20$ 时，$N\approx9.70728\times10^{2}0$，如果用一台运算速度为 10^8/s 的计算机进行求解，约需 3.078×10^5 年(2004 年报道我国计算机已达到 3840×10^8/s，仍需近 10 年). 而 $n=20$ 的方程组在实际中是一个小型的方程组. 因此 Cramar 方法是一个不能接受的算法，它缺乏可计算性. 第 2 章将介绍的 Gauss 消去法和迭代法就有较高的效率，具有很好的可计算性.

作为一种有意义的算法，应该是在资源有限的情况下，在适当时间内完成的一个算法. 因此，无论是自己构造或采用一个算法，首先应考虑在现有条件下，是否能完成计算任务；在可以完成同样计算任务的若干个算法中，应采用效率最高的算法.

2. 计算可靠性

作为算法，除了考虑其效率外，还必须重视可靠性，它包括两方面：问题的性态和方法的稳定性.

(1)问题的性态

所计算的问题当原始数据发生小扰动时，问题的解一般也发生扰动. 问题的性态——问题的解对原始数据发生变化的敏感性.

原始数据小扰动⇒问题解 $\begin{cases}\text{小扰动——问题是良态的}\\ \text{大变化——问题是病态的}\end{cases}$

例 1.1 线性方程组

$$\begin{cases}x_1+\dfrac{1}{2}x_2+\dfrac{1}{3}x_3=\dfrac{11}{6}\\ \dfrac{1}{2}x_1+\dfrac{1}{3}x_2+\dfrac{1}{4}x_3=\dfrac{13}{12}\\ \dfrac{1}{3}x_1+\dfrac{1}{4}x_2+\dfrac{1}{5}x_3=\dfrac{47}{60}\end{cases} \quad \text{的解是：}\boldsymbol{x}=\begin{pmatrix}1\\1\\1\end{pmatrix}$$

若将方程组的系数改写成有 2 位有效数字的小数：

$$\begin{cases}1.00x_1+0.50x_2+0.33x_3=1.8\\ 0.50x_1+0.33x_2+0.25x_3=1.1\\ 0.33x_1+0.25x_2+0.20x_3=0.78\end{cases}$$

则该方程组的解变成：$\tilde{\boldsymbol{x}}=\begin{pmatrix}-6.22\\38.52\\-33.65\end{pmatrix}$.

后一方程组的元素是前一方程组元素的 2 位有效数字，每个数字的相对误差最仅为 5%，但两者解向量元素的相对误差最竟高达 3725%. 一般而言，当问题的原始数据(即，方程组系数的元素及右端常数向量的元素)出现小变化，导致解(即，该问题的结果)发生大变化，这样的问题就是病态问题. 上述线性方程组——其系数矩阵是 3 元 Hilbert 矩阵——就是一个典型的病态方程组.

一般：由原始数据 x ⇒计算结果 $f(x)$，

扰动后的数据 $\tilde{x}$⇒计算结果 $f(\tilde{x})$，

若对问题 f 存在常数 m，满足关系式：

$$\left|\frac{f(x)-f(\tilde{x})}{f(x)}\right|\leqslant m\left|\frac{x-\tilde{x}}{x}\right|$$

或

$$m=\sup\left\{\frac{\left|\dfrac{f(x)-f(\tilde{x})}{f(x)}\right|}{\left|\dfrac{x-\tilde{x}}{x}\right|}\right\}$$

则称(相对误差之比的上界)m 为该问题的条件数,记作 $m=\mathrm{cond}(f)$;由微积分中值定理知识容易计算出,当 $x\approx\tilde{x}$ 时,$\mathrm{cond}(f)\approx\left|x\dfrac{f'(x)}{f(x)}\right|$.

在第 2 章中将对线性方程组或矩阵的性态作进一步的分析.一般而言,对所计算的问题应尽可能了解其性态,例如可以用 Matlab 可以计算线性方程组的条件数,对于病态问题必须采用稳定性高的算法(见下一小节),或采用高精度的算法,以确保计算结果的可靠性。

(2)算法的数值稳定性

例 1.2　计算 $I_n=\mathrm{e}^{-1}\int_0^1 x^n\mathrm{e}^x\mathrm{d}x,n=0,1,\cdots,8$.

解　由微积分知识,可得计算公式,① $I_n=1-nI_{n-1}$,② $I_{n-1}=\dfrac{1}{n}(1-I_n)$,我们将准确值与计算结果列表如下:

方法	I_0	I_1	I_2	I_3	I_4	I_5	I_6	I_7	I_8
准确值	0.6321	0.3679	0.2642	0.2073	0.1709	0.1455	0.1268	0.1124	0.1010
①	0.6321	0.3679	0.2642	0.2074	0.1704	0.1480	0.1120	0.2160	−0.7280
②	0.6320	0.3680	0.2643	0.2073	0.1709	0.1455	0.1268	0.1124	0.1010

由上表可见,方法①中,原始步的误差,随着计算步数的增加被严重地放大,特别是 I_8 竟变成负数(注意:被积函数是非负函数),而方法②则相反;这是因为方法①中,若前步有误差 δ:$\tilde{I}_{k-1}=I_{k-1}+\delta$,则

$$\tilde{I}_k=1-k\tilde{I}_{k-1}=1-kI_{k-1}-k\delta=I_k-k\delta,$$

说明 I_{k-1} 的误差 δ,经一步计算后被扩大了 k 倍,随着 k 的增大,误差将被大大地扩大;而通过同样的分析可知:方法②中 I_k 的误差则被缩小 k 倍.

算法的数值稳定性:算法对初始误差导致的最终误差的可控性,如果最终误差被有效地控制,则称算法是稳定的,否则就是不稳定的.

后面,对稳定性问题本书不再讨论。但在进行复杂的或大型问题的数值计算时,必须采用稳定性好的算法,结果才能是可靠的.如果对算法的稳定性不甚了解时,应咨询相关的专业人士,或仔细阅读有关算法或其软件的说明书,在算法要求的数据范围内进行计算.

小　结

本章主要介绍了数值计算方法涉及的几个简单概念：

浮点数及其基本性质，浮点数系中数字有限、浮点化导致的误差：$x-fl(x)$、实数转化为浮点数相对误差有界；以及在用计算机进行运算时应该注意如何避免不必要的误差扩张，使计算尽可能地准确：避免除以小数字，避免相近数相减，避免大小数字相加减，尽可能减少运算次数.

问题的性态：问题的解对原始数据发生变化的敏感性，它通过“条件数”的大小来描述，条件数大则问题是病态，条件数小则问题是良态.

方法的稳定性：算法对初始误差引起的最终误差的可控性，可控则稳定，否则就是不稳定.

习　题

1. 试证明浮点数系中的数字是有限的.

2. 试证明浮点数系中四则运算是非封闭的.

3. 在浮点数系 $F(2,8,-7,8)$ 中，

(1) 有多少个数，给出最大的数，最小的非零数，绝对值最小的非零数；

(2) 如何表示十进制数 3.625 和 64.3

(3) 按舍入法求(2)中两数之和.

4. 在浮点数系 $F(10,8,-7,8)$ 中计算 $\sum\limits_{k=1}^{20}\frac{1}{k^2}$，按 k 递增或递减两种顺序计算，请问，哪种顺序得到的结果比较准确.

5. 已知 $\sqrt{360}=18.97366596\cdots$，试说明在浮点数系 $F(10,6,-7,8)$ 中计算同一个数字：$\frac{1}{(19-\sqrt{360})^2}$，$\frac{1}{721-38\sqrt{360}}$，$(19+\sqrt{360})^2$，$721+38\sqrt{360}$，用哪个计算结果最准确.

6. 试说明在浮点数系 $F(10,4,-7,8)$ 中计算同一个数字：$\left[(3-\sqrt{8})\big/(3+\sqrt{8})\right]^3$ 和 $(3-\sqrt{8})^6$，$(17-6\sqrt{8})^3$，$[(3+\sqrt{8})^6]^{-1}$，$[(17+6\sqrt{8})^3]^{-1}$，$19601-6930\sqrt{8}$，$(19601+6930\sqrt{8})^{-1}$ 用哪个计算结果最准确.

7. 如何对下列公式做变化，计算结果才比较准确：

(1) $y=\frac{1}{2}(e^{2x}-1)$，$|x|\ll 1$

(2) $y=\frac{1}{1+2x}-\frac{1-x}{1+x}, |x|<1$

(3) $y=\sqrt{x+\frac{1}{x}}-\sqrt{x-\frac{1}{x}}, x\gg 1$

(4) $y=-p+\sqrt{p^2+q^2}, p\gg q>0$

8. 已知$\sqrt{3477}\approx 58.966092$,试在浮点数系 $F(10,6,-5,5)$ 中求方程 $x^2-59x+1=0$ 的两个根,使之尽可能准确.

第 2 章　线性方程组求解

本章讨论求解线性方程组

$$\begin{cases} \alpha_{11}x_1 + \alpha_{12}x_2 + \cdots + \alpha_{1n}x_n = \beta_1 \\ \alpha_{21}x_1 + \alpha_{22}x_2 + \cdots + \alpha_{2n}x_n = \beta_2 \\ \qquad\qquad \vdots \\ \alpha_{n1}x_1 + \alpha_{n2}x_2 + \cdots + \alpha_{nn}x_n = \beta_n \end{cases} \tag{2.1}$$

采用线性代数矩阵与向量乘积的符号,方程组(2.1)可另记为

$$\boldsymbol{A}\boldsymbol{x}=\boldsymbol{b} \tag{2.1$'$}$$

其中

$$\boldsymbol{A}=\begin{bmatrix} \alpha_{11} & \alpha_{12} & \cdots & \alpha_{1n} \\ \alpha_{21} & \alpha_{22} & \cdots & \alpha_{2n} \\ \vdots & \vdots & & \vdots \\ \alpha_{n1} & \alpha_{n2} & \cdots & \alpha_{nn} \end{bmatrix},\quad \boldsymbol{x}=\begin{bmatrix} x_1 \\ x_2 \\ \vdots \\ x_n \end{bmatrix},\quad \boldsymbol{b}=\begin{bmatrix} \beta_1 \\ \beta_2 \\ \vdots \\ \beta_n \end{bmatrix}$$

若不另加说明,以后矩阵 $\boldsymbol{A}$ 或 $\boldsymbol{A}=(\alpha_{ij})$,向量 $\boldsymbol{x}$、$\boldsymbol{b}$ 的元素总是如此表示,而向量总是列向量;$\mathbf{R}^{m\times n}$ 表示全体 m 行 n 列的实数矩阵的集合,$\mathbf{R}^n$ 表示全体 n 维实数向量的集合.

2.1　Gauss 消去法

2.1.1　消去法

第 1 章已说明,用 Cramer 方法解线性方程组是不可执行的,因此需要设计一些实际可行的算法.设计这些方法的原则是:面向计算机(一般在预先设置的计算过程中,事先并不知道参与运算的矩阵 $\boldsymbol{A}$ 和向量 $\boldsymbol{b}$ 具体元素,因此在编制程序时应考虑最一般的情况),考虑解一般的线性方程组.

我们从一个简单的例题开始,对一个一般的 2 元方程组,用非常基本的所谓消去法求解,下面列出具体过程:

$$\begin{cases} 2x_1+x_2=3 \\ x_1-x_2=0 \end{cases} \Rightarrow \begin{cases} 2x_1+x_2=3 \\ -\dfrac{3}{2}x_2=-\dfrac{3}{2} \end{cases} \Rightarrow x_2=1 \Rightarrow x_1=1$$

由此例可以看到,对这个二元一次方程组,经过适当的等价变换——第 2 个方

程减去第 1 个方程的$\frac{1}{2}$倍，便将第二个方程的一个元 x_1 的系数消解为 0，获得可以直接求解的一元一次方程：可解得 x_2；再将此 x_2 代入第一个方程，便获得 x_1，从而得到原方程组的解.

由此推广可获得解线性方程组的基本思想：降维——将 N 维问题转化为 $N-1$ 维问题——逐次降维，依次进行，直到形成可以直接求解的一元一次方程；从解此一元一次方程得到 x_n，再逐次回代，得到全部解. 这就是 Gauss 消去法.

对方程组(2.1)由上而下逐步消去对角元 $\alpha_{kk}(k=1,2,\cdots,n-1)$ 以下的元素 $\alpha_{ik}(i=k+1,\cdots,n)$，使原方程转化为如下等价形式，达到目标——上三角形方程组：

$$\begin{cases}\alpha_{11}x_1+\alpha_{12}x_2+\cdots+\alpha_{1n}x_n=\beta_1\\ \qquad\alpha_{22}x_2+\cdots+\alpha_{2n}x_n=\beta_2\\ \qquad\qquad\vdots\\ \qquad\qquad\alpha_{nn}x_n=\beta_n\end{cases}\tag{2.2}$$

从而，可转入回代过程，再由下而上，逐步解得：

$$x_k(k=n,n-1,\cdots,2,1)$$

这里的 $\alpha_{kk}(k=1,2,\cdots,n-1)$称为主元.

具体执行过程：

消去过程：

第 1 步，对问题(2.1)设 $\alpha_{11}\neq0$，

目标：以第 1 个方程为基准，将第 2～n 方程的 x_1 的系数 $\alpha_{21},\cdots,\alpha_{n1}$化为 0.

方法："第 k 个方程"$-\frac{\alpha_{k1}}{\alpha_{11}}\times$"第 1 个方程"($k=2,3,\cdots,n$(为了方便，特别是为了节约计算工作量计，记作 $l_{k1}=\frac{\alpha_{k1}}{\alpha_{11}}$)得到

$$\begin{cases}\alpha_{11}x_1+\alpha_{12}x_2+\cdots+\alpha_{1n}x_n=\beta_1\\ \qquad\alpha_{22}^{(1)}x_2+\cdots+\alpha_{2n}^{(1)}x_n=\beta_2^{(1)}\\ \qquad\qquad\vdots\\ \qquad\alpha_{n2}^{(1)}x_2+\cdots+\alpha_{nn}^{(1)}x_n=\beta_n^{(1)}\end{cases}$$

从此以后就只需关心由第 2～n 方程形成的 $n-1$ 维方程组，显然以后的过程均可按此方法进行.

第 k 步($k=1,2,\cdots,n-1$)：设 $\alpha_{kk}\neq0$，以第 k 个方程为基准，消去其后各方程 x_k 的系数 $\alpha_{kk}(i=k+1,\cdots,n)$，使之化为 0；为此，计算 $l_{ik}=\frac{\alpha_{ik}}{\alpha_{kk}}$，执行算法：第 i 行－

$l_{ik}\times$第 k 行$\Rightarrow$新的第 i 行($i=k+1,\cdots,n$);元素变化:($\alpha_{ik}\Rightarrow 0$), $\tilde{\alpha}_{ij}=\alpha_{ij}-l_{kj}\alpha_{kj}$, $\tilde{\beta}i=\beta_i-l_{ik}\beta_k(i=k+1,\cdots n)$. 经过 $n-1$ 步消去(注意:α_{nn} 以下无元可消),得到上三角形的方程组(2.2).

注意:每计算 1 个 l_{ik}, α_{ij}, β_i 仅需 1 个浮点运算.

回代:

得到上三角形的方程组(2.2)以后,就可以先从最后一个方程(这是一个一元方程)解出 x_n,再将已得到的 x_n 代入倒数第二个方程(现在这又是一个一元方程)解出 x_{n-1},再将得到的 x_n 与 x_{n-1} 代入倒数第三个方程(现在这又是一个一元方程)解出 x_{n-2};按此过程反复进行,直到回代进入第一个方程,解得 x_1,便取得全部解. 具体过程如下:

第 1 步:$x_n=\dfrac{\beta_n}{\alpha_{nn}}$

第 2 步:$x_{n-1}=\dfrac{[\beta_n-\alpha_{n-1,n}x_n]}{\alpha_{n-1,n-1}}$

第$(n-k+1)$步:$x_k=\dfrac{[\beta_k-(\alpha_{k\,k+1}x_{k+1}+\cdots+\alpha_{kn}x_n)]}{\alpha_{kk}}$, $k=n-1,\cdots,2,1$

运算量:

消元:n 元方程组:第 1 步消元对第 $i(i=2,3,\cdots,n)$行实施,共 $n-1$ 行;

每一行:每计算一个 $l_{i1}(i=2,3,\cdots,n)$,需要 1 个乘除法(或"浮点运算"),计算新的 $\alpha_{ij}^{(1)}=\alpha_{ij}-l_{i1}\alpha_{1j}(j=2,3,,\cdots,n)$;$\beta_i^{(1)}=\beta_i-l_{i1}\beta_1$,每个也需要一个乘除法(或"浮点运算"),共$(n-1)+1$ 个乘除法(或"浮点运算").

因此第 1 步消元,由 n 元方程组导出需下一步进行消元的 $n-1$ 元方程组共需要:$(n-1)[1+(n-1)+1]=n^2-1$ 个乘除法.

从而,消元的 $n-1$ 步的总运算量为

$$\sum_{k=n}^{2}(k^2-1)=\sum_{k=1}^{n}(k^2-1)=\sum_{k=1}^{n}k^2-n=\frac{n^3}{3}+\frac{n^2}{2}-\frac{5}{6}n;$$

回代:第 1 步,求 x_n 需要 1 个乘除法(或"浮点运算");第 2 步求 x_{n-1} 用 2 个乘除法(或"浮点运算");一般,第 k 步求 x_{n-k+1} 用 k 个浮点运算,因此,回代的运算量 $\sum\limits_{k=1}^{n}k=\dfrac{n}{2}(n+1)$;

结论:Gauss 消去法的 总运算量:$T=\dfrac{n^3}{3}+n^2-\dfrac{n}{3}$.

例 2.1 用 Gauss 消去法解线性方程组

$$\begin{cases}x_1+2x_2+x_3 & =0\\ 2x_1+2x_2+3x_3 & =3\\ -x_1-3x_2 & =2\end{cases}$$

解　第 1 步：分别计算得到 $l_{21}=2$，$l_{31}=-1$；据此消元：第 2 个方程 $-2\times$ 第 1 个方程，第 3 个方程 $-(-1)\times$ 第 1 个方程，得

$$\begin{cases} x_1+2x_2+x_3=0 \\ \quad -2x_2+x_3=3 \\ \quad -x_2+x_3=2 \end{cases}$$

第 2 步：计算 $l_{32}=\frac{1}{2}$；消元：第 3 个方程 $-\frac{1}{2}\times$ 第 2 个方程，得

$$\begin{cases} x_1+2x_2+x_3=0 \\ \quad -2x_2+x_3=3 \\ \quad \frac{1}{2}x_3=\frac{1}{2} \end{cases}$$

至此，消元过程完成；回代，便得解：$x_3=1$，$x_2=-1$，$x_1=1$.

注意到在解方程组时，实际上 x_1,x_2,x_3 并不参与运算，因此完全可以利用线性代数中的增广矩阵形式进行运算（因为线性方程组的解仅与系数与右端常数项相关），仍按上述步骤进行，写成如下形式：

$$\begin{pmatrix} 1 & 2 & 1 & 0 \\ 2 & 2 & 3 & 3 \\ -1 & -3 & 0 & 2 \end{pmatrix} \xrightarrow[l_{31}=-1]{l_{21}=2} \begin{pmatrix} 1 & 2 & 1 & 0 \\ & -2 & 1 & 3 \\ & -1 & 1 & 2 \end{pmatrix} \xrightarrow[l_{32}=\frac{1}{2}]{} \begin{pmatrix} 1 & 2 & 1 & 0 \\ & -2 & 1 & 3 \\ & & \frac{1}{2} & \frac{1}{2} \end{pmatrix} \Rightarrow \boldsymbol{x}=\begin{pmatrix} 1 \\ -1 \\ 1 \end{pmatrix}$$

例 2.2　用 Gauss 消去法解线性方程组

$$\begin{cases} 2x_1-x_2+x_3=2 \\ -6x_1+5x_2-3x_3=3 \\ 4x_1 \qquad\quad +5x_3=4 \end{cases}$$

解　仿前例，将方程组改写成增广矩阵进行运算，不再另加说明；

$$\begin{pmatrix} 2 & -1 & 1 & 2 \\ -6 & 5 & -3 & 3 \\ 4 & 0 & 5 & 4 \end{pmatrix} \xrightarrow[l_{31}=2]{l_{21}=-3} \begin{pmatrix} 2 & -1 & 1 & 2 \\ & 2 & 0 & 9 \\ & 2 & 3 & 0 \end{pmatrix} \xrightarrow{l_{32}=1} \begin{pmatrix} 2 & -1 & 1 & 2 \\ & 2 & 0 & 9 \\ & & 3 & -9 \end{pmatrix}$$

回代，便得解：$\boldsymbol{x}=\begin{pmatrix} \frac{19}{4} \\ \frac{9}{2} \\ -3 \end{pmatrix}$.

例 2.3　用 Gauss 消去法解线性方程组

$$\begin{cases}-2x_1+x_2\qquad +3x_4=2\\-4x_1+4x_2+x_3-x_4=0\\2x_1+5x_2+2x_3-22x_4=-13\\-2x_1+x_2+2x_3+4x_4=5\end{cases}$$

解 仍将方程组改写成增广矩阵进行运算

$$\begin{pmatrix}-2&1&0&3&2\\-4&4&1&-1&0\\2&5&2&-22&-13\\-2&1&2&4&5\end{pmatrix}\xrightarrow[l_{41}=1]{l_{21}=2\quad l_{31}=-1}\begin{pmatrix}-2&1&0&3&2\\&2&1&-7&-4\\&6&2&-19&-11\\&0&2&1&3\end{pmatrix}$$

$$\xrightarrow[l_{42}=0]{l_{32}=3}\begin{pmatrix}-2&1&0&3&2\\&2&1&-7&-4\\&&-1&2&1\\&&2&1&3\end{pmatrix}\xrightarrow[l_{43}=-2]{}\begin{pmatrix}-2&1&0&3&2\\&2&1&-7&4\\&&-1&2&1\\&&&5&5\end{pmatrix}$$

回代,便得解:$x^{\mathrm{T}}=(1\quad 1\quad 1\quad 1)$.

例 2.4 用 Gauss 消去法解线性方程组

$$\begin{cases}x_1+2x_2+3x_3+4x_4=2\\x_1+4x_2+9x_3+16x_4=10\\x_1+8x_2+27x_3+64x_4=44\\x_1+16x_2+81x_3+256x_4=190\end{cases}$$

解 仍将方程组改写成增广矩阵进行运算:

$$\begin{pmatrix}1&2&3&4&2\\1&4&9&16&10\\1&8&27&64&44\\1&16&81&256&190\end{pmatrix}\xrightarrow[l_{41}=1]{l_{21}=1\quad l_{31}=1}\begin{pmatrix}1&2&3&4&2\\&2&6&12&8\\&6&24&60&42\\&14&78&252&188\end{pmatrix}$$

$$\xrightarrow[l_{42}=7]{l_{32}=3}\begin{pmatrix}1&2&3&4&2\\&2&6&12&8\\&&6&24&18\\&&36&168&132\end{pmatrix}\xrightarrow[l_{43}=6]{}\begin{pmatrix}1&2&3&4&2\\&2&6&12&8\\&&6&24&18\\&&&24&24\end{pmatrix}$$

回代,便得解:$\boldsymbol{x}^{\mathrm{T}}=(-1\quad 1\quad -1\quad 1)$.

例 2.5 用 Gauss 消去法解线性方程组

$$\begin{cases}2x_1\qquad +x_3+3x_4=4\\4x_1+3x_2+x_3+7x_4=25\\2x_1-3x_2+6x_3+4x_4=-9\\6x_1+6x_2+5x_3+18x_4=60\end{cases}$$

解　仍将方程组改写成增广矩阵进行运算

$$\begin{pmatrix}2&0&1&3&4\\4&3&1&7&25\\2&-3&6&4&-9\\6&6&5&18&60\end{pmatrix}\xrightarrow[l_{41}=3]{l_{21}=2,\ l_{31}=1}\begin{pmatrix}2&0&1&3&4\\&3&-1&1&17\\&-3&5&1&-13\\&6&2&9&48\end{pmatrix}$$

$$\xrightarrow[l_{41}=2]{l_{32}=-1}\begin{pmatrix}2&0&1&3&4\\&3&-1&1&17\\&&4&2&4\\&&4&7&14\end{pmatrix}\xrightarrow[l_{43}=1]{}\begin{pmatrix}2&0&1&3&4\\&3&-1&1&17\\&&4&2&4\\&&&5&10\end{pmatrix}$$

回代,便得解:$\boldsymbol{x}^{\mathrm{T}}=(-1\quad 5\quad 0\quad 2)$.

2.1.2　(列)主元消去法

算法中,若第 k 步:$\alpha_{kk}=0$

$$或|\alpha_{kk}|\ll|\alpha_{ik}|\ i=k+1,\cdots,n$$

则按照原来的简单 Gauss 消去法算法可能无法执行,也可能出现大误差.

例 2.6　在浮点数系 $F(10,5,-10,10)$中用 Gauss 消去法解方程组

$$\begin{pmatrix}10^{-5}&2\\2&3\end{pmatrix}\begin{pmatrix}x_1\\x_2\end{pmatrix}=\begin{pmatrix}1\\2\end{pmatrix}$$

(注意比较此方程组的准确解:$\boldsymbol{x}^*=\begin{bmatrix}0.250001875\\0.499998749\end{bmatrix}$)

解　按 Gauss 消去法,用前小节增广矩阵的方式进行运算:

$$\begin{pmatrix}0.10000\times10^{-4}&0.20000\times10^{1}&0.10000\times10^{1}\\0.20000\times10^{1}&0.30000\times10^{1}&0.20000\times10^{1}\end{pmatrix}\xrightarrow{l_{21}=020000\times10^{6}}$$

$$\begin{pmatrix}0.10000\times10^{-4}&0.20000\times10^{1}&0.10000\times10^{1}\\&-0.40000\times10^{6}&-0.20000\times10^{6}\end{pmatrix}$$

$\tilde{\boldsymbol{x}}=(0.00000\times10^{0}\quad 0.50000\times10^{0})^{\mathrm{T}}$.

与准确解相比,误差很大.我们简单地考查一下原因,一步消元后,若没有误差,则新的元素:$\alpha_{22}^{(1)}=\alpha_{22}-l_{21}\alpha_{12}$,$\beta_2^{(1)}=\beta_2-l_{21}\beta_1$;

若原始数据有误差 $\alpha_{ij}\Rightarrow\tilde{\alpha}_{ij}=\alpha_{ij}+\delta$,$\beta_i\Rightarrow\tilde{\beta}_i=\beta_i+\delta$,则此时运算产生的新的元素当然也必然有误差,它们演变为

$$\begin{aligned}\tilde{\alpha}_{22}^{(1)}&=\tilde{\alpha}_{22}-l_{21}\tilde{\alpha}_{12}=(\alpha_{22}+\delta)-l_{21}(\alpha_{12}+\delta)=\alpha_{22}^{(1)}+(1-l_{21})\delta\\\tilde{\beta}_2^{(1)}&=\tilde{\beta}_2-l_{21}\tilde{\beta}_1=(\beta_1+\delta)-l_{21}(\beta_1+\delta)=\beta_2^{(1)}+(1-l_{21})\delta\end{aligned};$$

这说明前步各元素的误差均被放大约 $l-l_{21}$ 倍(我们仅考虑由于前步误差通过计

算“继承”下来的误差，没有考虑此时的运算本身发生的误差). 尽管一般$|\delta|\ll 1$(此符号表示$|\delta|$很小)，但当$|l_{21}|\gg 1$，即$|l_{21}|$很大时(如本例的情况)，显然会出现很大的误差. 要避免出现这种情况，一个十分简单的方法就是设法使$|l_{21}|\leqslant 1$. 为此，应使主元的绝对值 不小于其同一列下方元素的绝对值：$|\alpha_{11}|\geqslant|\alpha_{21}|$，因此需比较$|\alpha_{11}|$，$|\alpha_{21}|$，然后将绝对值大的元素交换到主元位置(即：使绝对值大的元素所在的方程调到第一行)，使$|l_{21}|\leqslant 1$，以保证前步的误差不被放大. 按此方法，本例只需将第1、2行交换，再按通常的Gauss消去法计算：

$$\begin{pmatrix} 0.10000\times10^{-4} & 0.20000\times10^{1} & 0.10000\times10^{1} \\ 0.20000\times10^{1} & 0.30000\times10^{1} & 0.20000\times10^{1} \end{pmatrix} \xrightarrow{1\text{行}\leftrightarrow 2\text{行}}$$

$$\begin{pmatrix} 0.20000\times10^{1} & 0.30000\times10^{1} & 0.20000\times10^{1} \\ 0.10000\times10^{-4} & 0.20000\times10^{1} & 0.10000\times10^{1} \end{pmatrix} \xrightarrow{l_{21}=0.50000\times10^{-5}}$$

$$\begin{pmatrix} 0.20000\times10^{1} & 0.30000\times10^{1} & 0.20000\times10^{1} \\ & 0.20000\times10^{1} & 0.10000\times10^{1} \end{pmatrix}$$

$$\tilde{\boldsymbol{x}}=(0.25000\times10^{0} \quad 0.50000\times10^{0})^{\mathrm{T}}.$$

显然，这样得到的结果是令人满意的. 这种方法称为列主元Gauss消去法.

一般来讲，Gauss消元过程的第k步消元($k=1,2,\cdots,n-1$)总以第k行为基准，消去其下的$n-k$个方程的α_{ij}，$i=k+1,\cdots,n$(即系数矩阵第k列α_{kk}以下的元素). 注意到我们的思路是在计算机上执行Gauss消去法，而在大多数情况下，在一般的计算过程中运算者并不具体知道方程组的元素(它们大多是由其他计算过程生成的)，程序编制者为尽可能保证计算结果的可靠性，应考虑Gauss消去法本身要求主元$\alpha_{kk}\neq 0$，应避免出现$\alpha_{kk}=0$作为主元，同时要求前步的误差不被放大，应使$|l_{ik}|\leqslant 1$. 为此，通常采用按列选主元的列主元消去法：选择主元$|\alpha_{kk}|=\max\{|\alpha_{kk}|,|\alpha_{k+1,k}|,\cdots|\alpha_{n}k|,\}$(当系数矩阵$\boldsymbol{A}$非奇异时，可以证明$\alpha_{kk},\alpha_{k+1k},\cdots,\alpha_{nk}$不全为0). 实现过程是先在$\{|\alpha_{kk}|,|\alpha_{k+1k}|,\cdots,|\alpha_{)}|\}$中选出最大者，若$|a_{mk}|=\max\{|\alpha_{kk}|,|\alpha_{k+1k}|,\cdots,|a_{n}k|\}$，便将第$k$行与第$m$行交换，使$\alpha_{mk}$与$\alpha_{kk}$交换位置，使新的第$k$行执行在原始Gauss消去法中的角色，保证将作为除数的主元$|\alpha_{kk}|\geqslant|\alpha_{ik}|$，$i=k+1,\cdots,n$，从而有$|l_{ik}|\leqslant 1$，$i=k+1,\cdots,n$，然后再实施原始的Gauss消去过程.

列主元Gauss消去法的效果：

(1) 算法稳定，即计算误差能被有效控制；

(2) 当矩阵$\boldsymbol{A}$的行列式$|\boldsymbol{A}|\neq 0$时，算法总可以执行完成.

若矩阵$\boldsymbol{A}$是对称正定或严格对角占优，则不选主元，消去法也是稳定的.

注：矩阵严格对角占优的定义：对角元的绝对值大于该行其他元素的绝对值之和，即$|a_{ii}|>\sum\limits_{\substack{j=1\\j\neq i}}^{n}|\alpha_{ij}|$.

问题：为什么系数矩阵 **A** 严格对角占优时，不选主元的消去法也是稳定的？为保证消去法是稳定的，计算应如何进行？

注意：第 1 步消元 $\tilde{\alpha}_{ij}=\tilde{\alpha}_{ij}-\frac{\alpha_{i1}}{\alpha_{11}}\alpha_{1j}\Rightarrow\tilde{\alpha}_{ij}-\tilde{\alpha}_{i1}\frac{\alpha_{1j}}{\alpha_{11}}$，由于 **A** 严格对角占优：$\left|\frac{\alpha_{1j}}{\alpha_{11}}\right|<1$，它的效果与主元消去法的 $|l_{i1}|\leqslant 1$ 一样，误差不会被放大. 但因此算法也应适当改变，首先对第 1 行计算此值，然后从第 2 列起逐列从上到下计算. 且第 1 步消元后生成的右下方 $(n-1)\times(n-1)$ 阶矩阵仍是严格对角占优. 以第 2 列为例：

$$\because \tilde{\alpha}_{2j}=\alpha_{2j}-\alpha_{21}\frac{\alpha_{1j}}{\alpha_{11}}\Rightarrow|\tilde{\alpha}_{2j}|\leqslant|\alpha_{2j}|+|\alpha_{21}|\left|\frac{\alpha_{1j}}{\alpha_{11}}\right|$$

$$\therefore \sum_{j=3}^{n}|\tilde{\alpha}_{2j}|\leqslant\sum_{j=3}^{n}|\alpha_{2j}|+\sum_{j=3}^{n}\left[|\alpha_{21}|\left|\frac{\alpha_{1j}}{\alpha_{11}}\right|\right]=\sum_{j=3}^{n}|\alpha_{2j}|+|\alpha_{21}|\frac{1}{|\alpha_{11}|}\sum_{j=3}^{n}|\alpha_{1j}|=\sum_{j=3}^{n}|\alpha_{2j}|+|\alpha_{21}|\left[\frac{1}{|\alpha_{11}|}\left\{|\alpha_{12}|+\sum_{j=3}^{n}|\alpha_{1j}|\right\}\right]-|\alpha_{21}|\left|\frac{\alpha_{12}}{\alpha_{11}}\right|<\sum_{j=3}^{n}|\alpha_{2j}|+|\alpha_{21}|-|\alpha_{21}|\left|\frac{\alpha_{12}}{\alpha_{11}}\right|$$

$$\text{又}\ |\tilde{\alpha}_{22}|=\left|\alpha_{22}-\alpha_{21}\frac{\alpha_{12}}{\alpha_{11}}\right|\geqslant|\alpha_{22}|-|\alpha_{21}|\left|\frac{\alpha_{12}}{\alpha_{11}}\right|>\left[|\alpha_{21}|+\sum_{j=3}^{n}|\alpha_{2j}|\right]-|\alpha_{21}|\left|\frac{\alpha_{12}}{\alpha_{11}}\right|$$

$\therefore |\tilde{\alpha}_{22}|>\sum\limits_{j=3}^{n}|\tilde{\alpha}_{2j}|$ 即新的第 2 行的对角元绝对占优，其他也可以同样证明.

例 2.7 用列主元 Gauss 消去法求解例 2.1 方程组：

$$\begin{cases}x_1+2x_2+x_3=0\\2x_1+2x_2+3x_3=3\\-x_1-3x_2\qquad=2\end{cases}$$

解 用增广矩阵的方式进行运算：

$$\begin{pmatrix}1&2&1&0\\2&2&3&3\\-1&-3&0&2\end{pmatrix}\xrightarrow[1\text{行}\leftrightarrow 2\text{行}]{}\begin{pmatrix}2&2&3&3\\1&2&1&0\\-1&-3&0&2\end{pmatrix}\xrightarrow[l_{31}=-\frac{1}{2}]{l_{21}=\frac{1}{2}}\begin{pmatrix}2&2&3&3\\&1&-\frac{1}{2}&-\frac{3}{2}\\&-2&\frac{3}{2}&\frac{7}{2}\end{pmatrix}\xrightarrow[2\text{行}\leftrightarrow 3\text{行}]{}$$

$$\begin{pmatrix}2&2&3&3\\&-2&\frac{3}{2}&\frac{7}{2}\\&1&-\frac{1}{2}&-\frac{3}{2}\end{pmatrix}\xrightarrow[l_{32}=-\frac{1}{2}]{}\begin{pmatrix}2&2&3&3\\&-2&\frac{3}{2}&\frac{7}{2}\\&&\frac{1}{4}&\frac{1}{4}\end{pmatrix}$$

同样得到原方程组的解 $\boldsymbol{x}=(1\quad -1\quad 1)^{\mathrm{T}}$.

2.2 矩阵分解

2.2.1 Gauss 消去法的矩阵意义——矩阵的三角分解

若将 Gauss 消去法解方程过程中产生的 $l_{ij}(i>j)$加入单位矩阵对角线以下的相应位置,形成一个单位下三角矩阵 $\boldsymbol{L}$——其对角元为 1,对角线以上的元素均为 0;将方程的系数矩阵经过 Gauss 消元过程最后得到的上三角矩阵——对角线以下元素均为 0——记作 $\boldsymbol{U}$;考察例 2.1 对应的矩阵 $\boldsymbol{L}$ 与 $\boldsymbol{U}$ 相乘的乘积:

$$\boldsymbol{LU}=\begin{pmatrix}1 & & \\ 2 & 1 & \\ -1 & \frac{1}{2} & 1\end{pmatrix}\begin{pmatrix}1 & 2 & 1\\ & -2 & 1\\ & & \frac{1}{2}\end{pmatrix}=\begin{pmatrix}1 & 2 & 1\\ 2 & 2 & 3\\ -1 & -3 & 0\end{pmatrix}$$

同样,若对方程组的增广矩阵作同样的计算,用单位下三角矩阵 $\boldsymbol{L}$ 左乘消元完成后得到的矩阵$\overline{\boldsymbol{U}}$,便有

$$\boldsymbol{L}\,\overline{\boldsymbol{U}}=\begin{pmatrix}1 & & \\ 2 & 1 & \\ -1 & \frac{1}{2} & 1\end{pmatrix}\begin{pmatrix}1 & 2 & 1 & 0\\ & -2 & 1 & 3\\ & & \frac{1}{2} & \frac{1}{2}\end{pmatrix}=\begin{pmatrix}1 & 2 & 1 & 0\\ 2 & 2 & 3 & 3\\ -1 & -3 & 0 & 2\end{pmatrix}$$

显然 $\boldsymbol{LU}$ 相乘得到的正是原始所求解的方程的系数矩阵,若以例 2.2,2.3,2.4,2.5 等验证,可以得到同样的结论.以下将说明这并非偶然,而是一般的性质.反过来,一个矩阵也可以通过 Gauss 消元过程获得这样的"$\boldsymbol{LU}$ 分解",其中 $\boldsymbol{L}$ 为单位下三角矩阵,$\boldsymbol{U}$ 为上三角矩阵.

这样将一个矩阵分解成一个单位下三角矩阵和一个上三角矩阵的乘积形式,称为矩阵的三角(Doolittle)分解.

1) Gauss 消去法的矩阵意义

仍以例 2.1 说明消元过程 $\begin{pmatrix}1 & 2 & 1 & 0\\ 2 & 2 & 3 & 3\\ -1 & -3 & 0 & 2\end{pmatrix}\xrightarrow[l_{31}=-1]{l_{21}=2,}\begin{pmatrix}1 & 2 & 1 & 0\\ & -2 & 1 & 3\\ & -1 & 1 & 2\end{pmatrix}$ 与以如下矩阵乘法是一样的.

$$\begin{pmatrix}1 & & \\ -2 & 1 & \\ 1 & & 1\end{pmatrix}\begin{pmatrix}1 & 2 & 1 & 0\\ 2 & 2 & 3 & 3\\ -1 & -3 & 0 & 2\end{pmatrix}=\begin{pmatrix}1 & 2 & 1 & 0\\ & -2 & 1 & 3\\ & -1 & 1 & 2\end{pmatrix}$$

注意,前面介绍消元过程时我们仅用一个箭头符号表示消去过程,但在实际上必须加以说明:"第 2 方程$-$($l_{21}\times$第 1 方程),第 3 方程$-$($l_{31}\times$第 1 方程)"后得到了右边的矩阵;学习过线性代数的读者都知道矩阵乘法是如何运算的,运用矩阵符

号就不必另行说明了.因此,若记单位下三角矩阵

$$L_1=\begin{pmatrix}1&&\\-2&1&\\1&&1\end{pmatrix}$$

它是单位矩阵的第 1 列对角元以下分别补上 $-l_{21}$,l_{31},则第 1 步消元是就用 $\boldsymbol{L}_1$ 左乘原始的增广矩阵:$\boldsymbol{L}_1(\boldsymbol{A},\boldsymbol{b})=(\boldsymbol{A}^{(1)},\boldsymbol{b}^{(1)})$.第 2 步消元,

$$\begin{pmatrix}1&2&1&0\\&-2&1&3\\&-1&1&2\end{pmatrix}\xrightarrow[l_{32}=\frac{1}{2}]{}\begin{pmatrix}1&2&1&0\\&-2&1&3\\&&\frac{1}{2}&\frac{1}{2}\end{pmatrix}$$

便等同于

$$\begin{pmatrix}1&&\\&1&\\&-\frac{1}{2}&1\end{pmatrix}\begin{pmatrix}1&2&1&0\\&-2&1&3\\&-1&1&2\end{pmatrix}=\begin{pmatrix}1&2&1&0\\&-2&1&3\\&&\frac{1}{2}&\frac{1}{2}\end{pmatrix}$$

因此,若记单位下三角矩阵

$$L_2=\begin{pmatrix}1&&\\&1&\\&-\frac{1}{2}&1\end{pmatrix}$$

它是单位矩阵的第 2 列对角元以下补上 $-l_{32}$,则第 2 步消元是就用 $\boldsymbol{L}_2$ 左乘第 1 步消元得到的$(\boldsymbol{A}^{(1)},\boldsymbol{b}^{(1)})$.

一般情况下,$\boldsymbol{L}_1$ 是在单位矩阵的第 1 列对角元位置的 1 的下方分别填上 $-l_{21},-l_{31},\cdots,-l_{n1}$ 等 $n-1$ 个数.则第 1 步消元就是:

$$\boldsymbol{L}_1(\boldsymbol{A},\boldsymbol{b})=\begin{pmatrix}1&&&\\-l_{i1}&1&&\\\vdots&&\ddots&\\-l_{n1}&&&1\end{pmatrix}\begin{pmatrix}\alpha_{11}&\alpha_{12}&\cdots&\alpha_{1n}&\beta_1\\\alpha_{21}&\alpha_{22}&\cdots&\alpha_{2n}&\beta_2\\\vdots&\vdots&&\vdots&\vdots\\\alpha_{n1}&\alpha_{n2}&\cdots&\alpha_{nn}&\beta_n\end{pmatrix}=\begin{pmatrix}\alpha_{11}&\alpha_{12}&\cdots&\alpha_{1n}&\beta_1\\0&\alpha_{22}^{(1)}&\cdots&\alpha_{2n}^{(1)}&\beta_2^{(1)}\\\vdots&\vdots&&\vdots&\vdots\\0&\alpha_{n2}^{(1)}&\cdots&\alpha_{nn}^{(1)}&\beta_n^{(1)}\end{pmatrix}$$

若记第 k 步消元后形成的矩阵为$(\boldsymbol{A}^{(k)},\boldsymbol{b}^{(k)})$,则第 k 步消元是将以下初等矩阵左乘矩阵$(\boldsymbol{A}^{(k-1)},\boldsymbol{b}^{(k-1)})$形成$(\boldsymbol{A}^{(k)},\boldsymbol{b}^{(k)})$,

$$
\boldsymbol{L}_k = \begin{pmatrix} 1 & & & & & \\ & \ddots & & & & \\ & & 1 & & & \\ & & -l_{k+1,k} & 1 & & \\ & & \vdots & & \ddots & \\ & & -l_{nk} & & & 1 \end{pmatrix} \tag{2.3}
$$

因此，Gauss 消去过程从矩阵运算的角度来看，是

$$
\boldsymbol{L}_{n-1}\boldsymbol{L}_{n-2}\cdots\boldsymbol{L}_2\boldsymbol{L}_1(\boldsymbol{A},\boldsymbol{b}) = (\boldsymbol{A}^{(n-1)},\boldsymbol{b}^{(n-1)})
$$

注意 $\boldsymbol{A}^{(n-1)}$ 是上三角矩阵，因此将它记为 $\boldsymbol{U}$(upper)，同时记向量为 $\boldsymbol{b}^{(n-1)}$ 为 y：

$$
\boldsymbol{A}^{(n-1)} = \boldsymbol{U} = \begin{pmatrix} \mu_{11} & \mu_{12} & \cdots & \mu_{1n} \\ & \mu_{22} & \cdots & \mu_{2n} \\ & & \ddots & \vdots \\ & & & \mu_{nn} \end{pmatrix},\ \boldsymbol{b}^{(n-1)} = \boldsymbol{y} = \begin{pmatrix} y_1 \\ y_2 \\ \vdots \\ y_n \end{pmatrix} \tag{2.4}
$$

则

$$
\boldsymbol{L}_{n-1}\boldsymbol{L}_{n-2}\cdots\boldsymbol{L}_2\boldsymbol{L}_1(\boldsymbol{A},\boldsymbol{b}) = (\boldsymbol{U},\boldsymbol{y}) \tag{2.5}
$$

2.2.2 矩阵的 *LU* 分解

注意到初等矩阵 $\boldsymbol{L}_k$ 具有性质

$$
\boldsymbol{L}_k^{-1} = \begin{pmatrix} 1 & & & & & \\ & \ddots & & & & \\ & & 1 & & & \\ & & l_{i+1,i} & 1 & & \\ & & \vdots & & \ddots & \\ & & l_{ni} & & & 1 \end{pmatrix} \tag{2.6}
$$

及

$$
\boldsymbol{L}_1^{-1}\boldsymbol{L}_2^{-1}\cdots\boldsymbol{L}_{n-1}^{-1} = \boldsymbol{L} = \begin{pmatrix} 1 & & & & \\ l_{21} & 1 & & & \\ \vdots & \vdots & \ddots & & \\ l_{n-1,1} & l_{n-1,2} & \cdots & 1 & \\ l_{n,1} & l_{n,2} & \cdots & l_{n,n-1} & 1 \end{pmatrix} \tag{2.7}
$$

因此有

$$
(\boldsymbol{A},\boldsymbol{b}) = \boldsymbol{L}_1^{-1}\boldsymbol{L}_2^{-1}\cdots\boldsymbol{L}_{n-1}^{-1}(\boldsymbol{U},\boldsymbol{y}) = \boldsymbol{L}(\boldsymbol{U},\boldsymbol{y}) \tag{2.8}
$$

根据矩阵乘积的性质，有

$$\boldsymbol{A}=\boldsymbol{LU} \tag{2.9}$$

这就是基本的矩阵三角分解——Doolittle 分解——将矩阵分解为单位下三角矩阵 $\boldsymbol{L}$ 与上三角矩阵 $\boldsymbol{U}$ 的乘积.

从矩阵乘法与行列式的关系可知,若矩阵 $\boldsymbol{A}$ 三角分解得到 $\boldsymbol{A}=\boldsymbol{LU}$,则有:$\det \boldsymbol{A} = \det \boldsymbol{L} * \det \boldsymbol{U}$,由于下三角矩阵或上三角矩阵的行列式是全部对角元的乘积,因此可利用三角分解求矩阵对应的行列式的值.例如,在例 2.1 中方程组系数矩阵对应的行列式的值是-1;在下面例 2.8 对称正定矩阵对应的行列式的值为 144.

当系数矩阵为 $\boldsymbol{A}$ 的方程组可以顺利求解(不必选主元)时,从 Gauss 消去法的过程可知,数据显然都是唯一的,因此矩阵 $\boldsymbol{A}$ 的 Doolittle 分解必然也是唯一的.另一方面,既然是唯一的,就可以通过待定系数的方法获得该矩阵的 Doolittle 分解(通常称为“直接分解”或“紧凑格式”),由于该方法的公式比较烦琐,因此本书就不作详细介绍了,对此感兴趣的读者可以参考其他计算方法教材.

2.2.3　其他三角分解

除了上述的将矩阵分解为单位下三角矩阵与上三角矩阵的乘积形式以外,还从矩阵乘法的角度就可以知道,矩阵一定可以有其他类型的分解:例如下三角矩阵和单位上三角矩阵的乘积,单位下三角矩阵与对角矩阵、单位上三角矩阵的乘积 $\boldsymbol{LDM}^{\mathrm{T}}$.对于对称矩阵,还可以分解成 $\boldsymbol{LDL}^{\mathrm{T}}$ 矩阵分解的形式,特别是对称正定矩阵,可以分解成 $\boldsymbol{GG}^{\mathrm{T}}$ 形式(称为 Cholesky 分解),其中 $\boldsymbol{G}$ 为下三角矩阵,而由 Doolittle 分解的唯一性可知,一旦分解的形式确定后,这样的分解一定也是唯一的.这些不同的分解都可以通过矩阵不同的乘积的方法取得,下面例 2.8 就以对称正定矩阵为例,说明通过矩阵乘积的方法可以得到矩阵分解的不同形式.

例 2.8　将以矩阵 $\boldsymbol{A}$ 分解成为不同的矩阵乘积形式.

$$\boldsymbol{A}=\begin{pmatrix} 4 & -2 & 0 & 4 \\ -2 & 2 & -3 & 1 \\ 0 & -3 & 13 & -7 \\ 4 & 1 & -7 & 23 \end{pmatrix}$$

解　先按 Gauss 消去法过程,将矩阵消元

$$\begin{pmatrix} 4 & -2 & 0 & 4 \\ -2 & 2 & -3 & 1 \\ 0 & -3 & 13 & -7 \\ 4 & 1 & -7 & 23 \end{pmatrix} \xrightarrow[\substack{l_{31}=0 \\ l_{41}=1}]{l_{21}=-\frac{1}{2}} \begin{pmatrix} 4 & -2 & 0 & 4 \\ & 1 & -3 & 3 \\ & -3 & 13 & -7 \\ & 3 & -7 & 19 \end{pmatrix}$$

$$\xrightarrow[l_{42}=3]{l_{32}=-3}\begin{pmatrix}4 & -2 & 0 & 4\\ & 1 & -3 & 3\\ & & 4 & 2\\ & & 2 & 10\end{pmatrix}\xrightarrow[l_{43}=\frac{1}{2}]{}\begin{pmatrix}4 & -2 & 0 & 4\\ & 1 & -3 & 3\\ & & 4 & 2\\ & & & 9\end{pmatrix}.$$

由此可得各种不同的矩阵分解：

$$\begin{pmatrix}4 & -2 & 0 & 4\\ -2 & 2 & -3 & 1\\ 0 & -3 & 13 & -7\\ 4 & 1 & -7 & 23\end{pmatrix}=\begin{pmatrix}1 & & & \\ -\frac{1}{2} & 1 & & \\ 0 & -3 & 1 & \\ 1 & 3 & \frac{1}{2} & 1\end{pmatrix}\begin{pmatrix}4 & -2 & 0 & 4\\ & 1 & -3 & 3\\ & & 4 & 2\\ & & & 9\end{pmatrix}$$

$$=\begin{pmatrix}1 & & & \\ -\frac{1}{2} & 1 & & \\ 0 & -3 & 1 & \\ 1 & 3 & \frac{1}{2} & 1\end{pmatrix}\begin{pmatrix}4 & & & \\ & 1 & & \\ & & 4 & \\ & & & 9\end{pmatrix}\begin{pmatrix}1 & -\frac{1}{2} & 0 & 1\\ & 1 & -3 & 3\\ & & 1 & \frac{1}{2}\\ & & & 1\end{pmatrix}$$

$$=\begin{pmatrix}4 & & & \\ -2 & 1 & & \\ 0 & -3 & 4 & \\ 4 & 3 & 2 & 9\end{pmatrix}\begin{pmatrix}1 & -\frac{1}{2} & 0 & 1\\ & 1 & -3 & 3\\ & & 1 & \frac{1}{2}\\ & & & 1\end{pmatrix}$$

$$=\begin{pmatrix}1 & & & \\ -\frac{1}{2} & 1 & & \\ 0 & -3 & 1 & \\ 1 & 3 & \frac{1}{2} & 1\end{pmatrix}\begin{pmatrix}2 & & & \\ & 1 & & \\ & & 2 & \\ & & & 3\end{pmatrix}\begin{pmatrix}2 & & & \\ & 1 & & \\ & & 2 & \\ & & & 3\end{pmatrix}\begin{pmatrix}1 & -\frac{1}{2} & 0 & 1\\ & 1 & -3 & 3\\ & & 1 & \frac{1}{2}\\ & & & 1\end{pmatrix}$$

$$=\begin{pmatrix}2 & & & \\ -1 & 1 & & \\ 0 & -3 & 2 & \\ 2 & 3 & 1 & 3\end{pmatrix}\begin{pmatrix}2 & -1 & 0 & 2\\ & 1 & -3 & 3\\ & & 2 & 1\\ & & & 3\end{pmatrix}$$

第 1 步由 Gauss 消去法消元过程得到的基本的单位下三角矩阵与上三角矩阵的分解形式；第 2 步是将上三角矩阵的对角元提取出来，形成一个对角矩阵和单位上三角矩阵的乘积形式，得到单位下三角矩阵、对角矩阵、单位上三角矩阵的分解形式；第 3 步是将单位下三角矩阵与对角矩阵相乘合并成一个下三角矩阵，形成矩阵的下三角矩阵与单位上三角矩阵的乘积分解形式；第 4 步和第 5 步是将第 2 步得到的对角矩阵分解成两个完全相等的对角矩阵后，再分别与其左右的单位下三角、单位上三角矩阵相乘，得到对称矩阵的下三角矩阵与其转置矩阵的乘积分解形式.

当一个矩阵 $\boldsymbol{A}$ 可以按原始的 Gauss 消去法完成消去过程及解方程组的回代过程（完成消去过程说明方程组(2.2)中表示的 $\mu_{11}\mu_{22}\cdots\mu_{n-1,n-1}\neq0$，而可回代说明 $\mu_{nn}\neq0$）时，这说明 $\boldsymbol{A}$ 可以作基本的 $\boldsymbol{LU}$(Doolittle)分解.

进一步，当 $\boldsymbol{U}$ 的对角元均非零时，总可有 $\boldsymbol{U}=\boldsymbol{DM}^{\mathrm{T}}$，此处 $\boldsymbol{D}$ 是非奇异对角矩阵(diagonal matrix)，$\boldsymbol{M}$ 是一个单位下三角矩阵，因此有 $\boldsymbol{A}=\boldsymbol{LDM}^{\mathrm{T}}$.

下面简单说明对称矩阵总可分解为 $\boldsymbol{LDL}^{\mathrm{T}}$ 形式. 前已说明若 $\boldsymbol{A}$ 可以作基本的 $\boldsymbol{LU}$ 分解，则 $\boldsymbol{A}=\boldsymbol{LU}$ 则必唯一，当然 $\boldsymbol{A}=\boldsymbol{LDM}^{\mathrm{T}}$ 形式的分解也必唯一；而由 $\boldsymbol{A}$ 的对称性 $\boldsymbol{A}=\boldsymbol{A}^{\mathrm{T}}$，便有 $\boldsymbol{A}=\boldsymbol{LDM}^{\mathrm{T}}=\boldsymbol{MDL}^{\mathrm{T}}=\boldsymbol{A}^{T}$，而由分解的唯一性可知 $\boldsymbol{L}=\boldsymbol{M}$，即当 $\boldsymbol{A}$ 为对称矩阵时有 $\boldsymbol{A}=\boldsymbol{LDL}^{\mathrm{T}}$.

进一步可以考察矩阵左上方各阶顺序主子式与三角分解所得矩阵的左上方的各阶顺序主子式的关系：若记矩阵 $\boldsymbol{A}$ 的各阶顺序主子矩阵为 $\boldsymbol{A}^{(1)},\boldsymbol{A}^{(2)},\cdots,\boldsymbol{A}^{(n)}$，同样的记号也适用于矩阵 $\boldsymbol{L}$、$\boldsymbol{U}$，则有 $\boldsymbol{A}^{(k)}=\boldsymbol{L}^{(k)}\boldsymbol{U}^{(k)}\ (k=1,2,\cdots,n)$，从而矩阵 $\boldsymbol{A}$ 的各阶顺序主子式的值等于 $\boldsymbol{U}$ 的相应的顺序主子式的值：$\det(\boldsymbol{A}^{(k)})=\det(\boldsymbol{U}^{(k)})\ (k=1,2,\cdots,n)$，(因为 $\det(\boldsymbol{L}^{(k)})\equiv1$). 以例 2.8 矩阵分解为例，容易得到：

$$4=1\times4,\ \begin{pmatrix}4&-2\\-2&2\end{pmatrix}=\begin{bmatrix}1&\\-\dfrac{1}{2}&1\end{bmatrix}\begin{pmatrix}4&-2\\&1\end{pmatrix},$$

$$\begin{bmatrix}4&-2&0\\-2&2&-3\\0&-3&13\end{bmatrix}=\begin{bmatrix}1&&\\-\dfrac{1}{2}&1&\\0&-3&1\end{bmatrix}\begin{bmatrix}4&-2&0\\&1&-3\\&&4\end{bmatrix}$$

综上所述，可以得到以下定理.

定理 2.1 若 n 阶方阵的各阶顺序主子行列式都不为 0，则存在唯一的单位下三角矩阵 $\boldsymbol{L}$ 与上三角矩阵 $\boldsymbol{U}$，满足式(2.9).

这是因为，由原始的 Gauss 消去法可知消去过程的每一步的主元就是矩阵 $\boldsymbol{U}$ 的对角元 $\mu_{11},\mu_{22},\cdots,\mu_{nn}$，因此，当且仅当矩阵 $\boldsymbol{A}$ 的各阶顺序主子式均非零时，Gauss 消去法可以顺利完成. 这是因为当各阶顺序主子式均非零时，仍由 $\det(\boldsymbol{A}^{(k)})=\det(\boldsymbol{U}^{(k)})\ (k=1,2,\cdots,n)$ 可知 $\mu_{11},\mu_{22},\cdots,\mu_{nn}$ 均非零，即 Gauss 消去法可以顺利完成. 进一步，当矩阵 $\boldsymbol{A}$ 非奇时，列主元 Gauss 消去法必可顺利完成：因为当矩阵 $\boldsymbol{A}$

非奇时,$\boldsymbol{A}$ 的第 1 列必不全为零,因此通过选主元,可进行第一步消元,即算法 $\boldsymbol{L}_1\boldsymbol{P}_1\boldsymbol{A}$ 可执行(其中 $\boldsymbol{P}_1$ 为置换矩阵,它左乘 $\boldsymbol{A}$ 便是将 $\boldsymbol{A}$ 的某两行置换,参见习题),得到 $\mu_{11}\neq 0$,且其下方全为零,因为 $\det(\boldsymbol{L}_1\boldsymbol{P}_1\boldsymbol{A})=\det\boldsymbol{A}\neq 0$,所以 μ_{11} 的代数余子式 $\det\boldsymbol{A}_{11}^{*}$ 也非零,(因为 $\det\boldsymbol{A}=\det(\boldsymbol{L}_1\boldsymbol{P}_1\boldsymbol{A})=\mu_{11}\det\boldsymbol{A}_{11}^{*}\neq 0$),即矩阵 $\boldsymbol{A}_{11}^{8}$ 非奇,因此下一步列主元 Gauss 消去可进行,仿此,可完成全部消元过程.

进一步回忆线性代数中判断一个对称矩阵是正定的充分必要条件是:顺序主子式均为正.由此,根据 $\det(\boldsymbol{A}^{(k)})=\det(\boldsymbol{U}^{(k)})(k=1,2,\cdots,n)$,容易看到,一个对称矩阵通过 Gauss 消去法的消去过程得到基本的 $\boldsymbol{LU}$ 分解,当 $\boldsymbol{U}$ 的对角元全部为正数时,该对称矩阵必为对称正定矩阵.

2.2.4 解三对角矩阵的追赶法

在大量的实际计算问题中需要求解未知量很多的方程组.例如在结构分析、经济分析、天气预报、网络理论、图论和微分方程数值解等应用问题中,都会出现大型的(未知量个数达到 10^n,$n\geqslant 4$),甚至巨型的方程组.通常的 Gauss 消去法已很难解这样的方程组,不仅因为运算量太大,而且存储方程组的元素也存在许多问题.不过大多数这类方程组的系数矩阵的元素中含有大量的零元,非零元的比例很小(一般不到 5%),通常将这类方程组的系数矩阵称为稀疏矩阵.对此,在 20 世纪 70～80 年代就有许多学者进行了大量的研究,主要涉及非零元的存储和计算,避免对零元的不必要的运算.稀疏矩阵中最常见,也容易处理的是带状矩阵.

设矩阵 $\boldsymbol{A}=(\alpha_{ij})$ 是 n 阶方阵(如下),p、q 是小于 n 的正整数,若当 $j>i+q$ 或 $i>j+q$时 $\alpha_{ij}=0$,则称这样的矩阵为上带宽为 q,下带宽为 p 的带状矩阵,称对应的方程组为带状方程组.

$$
\boldsymbol{A}=\begin{pmatrix}
\times & & \overbrace{\times\ \cdots\ \times}^{q} & & & \\
p\left\{\begin{matrix}\times\\ \vdots\\ \times\end{matrix}\right. & & \ddots & & \ddots & \\
 & & & & & \times \\
 & & \ddots & & \ddots & \vdots \\
 & & & & & \times \\
 & & & \times & \cdots\ \times & \times
\end{pmatrix} \tag{2.10}
$$

以下定理说明了带状矩阵分解的特性.对于上带宽为 q,下带宽为 p 的带状矩阵 $\boldsymbol{LU}$ 的分解,只需计算非零元素,且分解得到的 $\boldsymbol{L}$ 和 $\boldsymbol{U}$ 分别是下带宽为 p,上带宽为 q 的单位下三角和上三角矩阵.

定理 2.2　设 $\boldsymbol{A}$ 是上带宽 q，下带宽 p 的带状矩阵，若 $\boldsymbol{A}$ 可以作 $\boldsymbol{LU}$ 分解，则 $\boldsymbol{L}$ 是(下)带宽 p 的单位下三角矩阵，是 $\boldsymbol{U}$(上)带宽 q 的上三角矩阵.

证明　对二阶和三阶矩阵显然. 固定 p、q，对矩阵的阶作归纳证明：设对 $n-1$ 阶矩阵结论成立. 按矩阵分块运算的方法，令

$$\boldsymbol{A}=\begin{pmatrix}\alpha_{11} & \boldsymbol{w}^{\mathrm{T}}\\ \boldsymbol{v} & \boldsymbol{B}\end{pmatrix}$$

其中

$$\boldsymbol{v}^{\mathrm{T}}=(\alpha_{21}\cdots\ \alpha_{p+1,1}\ 0\ \cdots\ 0),\boldsymbol{w}^{\mathrm{T}}=(\alpha_{12}\ \ \cdots\ \ \boldsymbol{w}_{1,q+1}\ \ 0\ \cdots\ 0)$$

$\boldsymbol{B}$ 仍是 $n-1$ 阶上带宽 q，下带宽 p 的带状矩阵. 容易验证：

$$\boldsymbol{A}=\begin{pmatrix}\alpha_{11} & \boldsymbol{w}^{\mathrm{T}}\\ \boldsymbol{v} & \boldsymbol{B}\end{pmatrix}=\begin{pmatrix}1 & \\ \dfrac{1}{\alpha_{11}}\boldsymbol{v} & \boldsymbol{I}_{n-1}\end{pmatrix}\begin{pmatrix}1 & \\ & \boldsymbol{B}-\dfrac{1}{\alpha}\boldsymbol{v}\boldsymbol{w}\end{pmatrix}\begin{pmatrix}\alpha_{11} & \boldsymbol{w}\\ & \boldsymbol{I}_{n-1}\end{pmatrix}$$

由 $\boldsymbol{B}$ 和 $\boldsymbol{v}$、$\boldsymbol{w}$ 的构造可知，$\boldsymbol{B}-\dfrac{1}{\alpha_{11}}\boldsymbol{v}\boldsymbol{w}^{\mathrm{T}}$ 也是 $n-1$ 阶上带宽 q，下带宽 p 的带状矩阵. 由归纳假设，存在满足要求的带状分解 $\boldsymbol{B}-\dfrac{1}{\alpha_{11}}\boldsymbol{v}\boldsymbol{w}^{\mathrm{T}}=\boldsymbol{L}_1\boldsymbol{U}_1$，因此

$$\begin{aligned}\boldsymbol{A}&=\begin{pmatrix}\alpha_{11} & \boldsymbol{w}^{\mathrm{T}}\\ \boldsymbol{v} & \boldsymbol{B}\end{pmatrix}=\begin{pmatrix}1 & \\ \dfrac{1}{\alpha_{11}}\boldsymbol{v} & \boldsymbol{I}_{n-1}\end{pmatrix}\begin{pmatrix}1 & \\ & \boldsymbol{B}-\dfrac{1}{\alpha_{11}}\boldsymbol{v}\boldsymbol{w}^{\mathrm{T}}\end{pmatrix}\begin{pmatrix}\alpha_{11} & \boldsymbol{w}^{\mathrm{T}}\\ & \boldsymbol{I}_{n-1}\end{pmatrix}\\ &=\begin{pmatrix}1 & \\ \dfrac{1}{\alpha_{11}}\boldsymbol{v} & \boldsymbol{I}_{n-1}\end{pmatrix}\begin{pmatrix}1 & \\ & \boldsymbol{L}_1\end{pmatrix}\begin{pmatrix}1 & \\ & \boldsymbol{U}_1\end{pmatrix}\begin{pmatrix}\alpha_{11} & \boldsymbol{w}^{\mathrm{T}}\\ & \boldsymbol{I}_{n-1}\end{pmatrix}=\begin{pmatrix}1 & \\ \dfrac{1}{\alpha_{11}}\boldsymbol{v} & \boldsymbol{L}_1\end{pmatrix}\begin{pmatrix}\alpha_{11} & \boldsymbol{w}^{\mathrm{T}}\\ & \boldsymbol{U}_1\end{pmatrix}\end{aligned}$$

令

$$\boldsymbol{L}=\begin{pmatrix}1 & \\ \dfrac{1}{\alpha_{11}}\boldsymbol{v} & \boldsymbol{L}_1\end{pmatrix},\boldsymbol{U}=\begin{pmatrix}\alpha_{11} & \boldsymbol{w}^{\mathrm{T}}\\ & \boldsymbol{U}_1\end{pmatrix}$$

则 $\boldsymbol{A}=\boldsymbol{LU}$，且 $\boldsymbol{L}$ 和 $\boldsymbol{U}$ 分别是带宽为 p 和 q 的下、上三角矩阵.　　证毕

由此定理可知，带状矩阵的 $\boldsymbol{LU}$ 分解不需要计算定理已明确的零元素，只需计算非零的带状部分的元素.

下面讨论一类带宽 $p=q=1$ 的特殊的带状矩阵——三对角矩阵，这是一类经常遇到的特殊矩阵，稍后在第 3 章讨论样条插值多项式时就会遇到. 记三对角矩阵

$$\boldsymbol{T}=\begin{pmatrix}b_1 & c_1 & & & \\ a_2 & b_2 & c_2 & & \\ & \ddots & \ddots & \ddots & \\ & & a_{n-1} & b_{n-1} & c_{n-1}\\ & & & a_n & b_n\end{pmatrix}\tag{2.11}$$

由前述的方法，很容易将它分解成两个特殊的下、上三角矩阵的乘积：

$$\boldsymbol{A}=\boldsymbol{LU}=\begin{pmatrix}1&&&&\\l_2&1&&&\\&l_3&1&&\\&&\ddots&\ddots&\\&&&l_n&1\end{pmatrix}\begin{pmatrix}u_1&c_1&&&\\&u_2&c_2&&\\&&\ddots&\ddots&\\&&&u_{n*1}&c_{n-1}\\&&&&u_n\end{pmatrix}\tag{2.12}$$

其中

$$\begin{gathered}u_1=b_1\\l_k=\frac{a_k}{u_{k-1}},u_k=b_k-l_kc_{k-1},k=2,3,\cdots,n\end{gathered}\tag{2.13}$$

这可以从 Gauss 消去过程得到，也可以从矩阵三角分解的唯一性出发通过待定系数法得到. 以下讨论解方程组 $\boldsymbol{Tx}=\boldsymbol{d}$，其中 $\boldsymbol{d}=(d_1,d_2,\cdots,d_n)^{\mathrm{T}}$ 的具体方法，用待定系数法确定相关的数值.

由矩阵三角分解的唯一性，增广矩阵$(\boldsymbol{T},\boldsymbol{d})$可分解为如下形式：

$$\begin{pmatrix}b_1&c_2&&&&d_1\\a_1&b_1&c_2&&&d_2\\&\ddots&\ddots&\ddots&&\vdots\\&&a_{n-1}&b_{n-1}&c_{n-1}&d_{n-1}\\&&&a_n&b_n&d_n\end{pmatrix}$$

$$=\begin{pmatrix}1&&&&\\l_2&1&&&\\&\ddots&\ddots&&\\&&l_{n-1}&1&\\&&&l_n&1\end{pmatrix}\begin{pmatrix}u_1&r_1&&&y_1\\&u_2&r_2&&y_2\\&&\ddots&\ddots&\vdots\\&&&u_{n-1}\quad r_{n-1}&y_{n-1}\\&&&u_n&y_n\end{pmatrix}$$

按矩阵乘法，比较系数可知：

$u_1=b_1,r_1=c_1,\qquad y_1=d_1;$

由 $a_2=l_2u_1$，知 $l_2=\dfrac{a_2}{u_1}$；由 $b_2=l_2r_1+u_2$，推得 $u_2=b_2-l_2c_1$（$\because r_1=c_1$）；且 $c_2=r_2$；又由 $d_2=l_2y_2+y_2$ 推得 $y_2=d_2-l_2y_1$；依次类推，有

$$\begin{cases}\qquad u_1=b_1,\qquad y_1=d_1\\l_2=\dfrac{a_2}{u_1},\quad u_2=b_2-l_2c_1,\quad y_2=d_2-l_2y_1\\\vdots\\l_k=\dfrac{a_k}{u_{k-1}},\quad u_k=b_k-l_kc_{k-1},\quad y_k=d_k-l_ky_{k-1}\quad k=2,3,\cdots,n\end{cases}\tag{2.14}$$

从而，解方程组 $\boldsymbol{Tx}=\boldsymbol{d}$ 时，由于 $\boldsymbol{T}$ 可按上述方法分解成 $\boldsymbol{LU}$ 形式，因此可以将该方程组转化为求解两个简单方程组：$\boldsymbol{Tx}=\boldsymbol{d}\Leftrightarrow\boldsymbol{Ly}=\boldsymbol{d},\boldsymbol{Ux}=\boldsymbol{y}$. 这个方法通常被称为"追赶法"，公式(2.14)的计算过程称为"追"，它生成了矩阵 $\boldsymbol{L},\boldsymbol{U}$ 的元素和向量 $\boldsymbol{y}$. 解方程组 $\boldsymbol{Ux}=\boldsymbol{y}$ 称为"赶"，具体计算过程容易看出：

$$\begin{cases} x_n=\dfrac{y_n}{u_n} \\ x_k=\dfrac{(y_k-c_k y_{k+1})}{u_k}, \qquad k=n-1,\cdots,2,1 \end{cases} \tag{2.15}$$

"追赶法"只是 Gauss 消去法的一个具体应用，在计算机上应用可以节约存储空间，减少运算量. 若对于简单问题用手工计算，只须用 Gauss 消去法即可.

例 2.9

$$\begin{pmatrix} 1 & 2 & & & \\ 2 & 3 & 1 & & \\ & -3 & 4 & 2 & \\ & & 4 & 7 & 1 \\ & & & -5 & 6 \end{pmatrix}=\begin{pmatrix} 1 & & & & \\ 2 & 1 & & & \\ & 3 & 1 & & \\ & & 4 & 1 & \\ & & & 5 & 1 \end{pmatrix}\begin{pmatrix} 1 & 2 & & & \\ & -1 & 1 & & \\ & & 1 & 2 & \\ & & & -1 & 1 \\ & & & & 1 \end{pmatrix}$$

2.3　线性方程组解的可靠性

——向量与矩阵范数，误差的代数表征

前面经常讨论方程组的解的误差，希望获得的解尽可能精确，或者说解向量的误差尽可能小. 在实数中，说明两个数 x_1、x_2 之间误差小，一般是用两者之间的差很小来表示的，即 $|x_1-x_2|\leqslant\varepsilon$，其中 ε 是事先设定的一个小数. 但是，两个向量的差仍是向量，而向量是没有大小之分的；同样，两个矩阵的差是矩阵，而矩阵也是没有大小之分的. 然而，我们总是希望解向量的误差尽可能"小"，它又涉及矩阵 $\boldsymbol{A}$ 和右端向量 $\boldsymbol{b}$ 的误差，因此需要一种工具，能够较好地反映矩阵和向量的数值性质，可以在某种意义下比较它们的大小。范数就是一个被广泛使用的重要工具.

2.3.1 向量与矩阵范数

1. 向量范数

在二维或三维空间，向量的长度在某种意义上反映了向量的"大小"，将二维或三维向量的长度概念中的一些重要性质加以抽象、推广，就得到以下一般向量范数的定义.

定义 2.1　向量 $\boldsymbol{x}=(x_1,x_2,\cdots,x_n)^{\mathrm{T}}\in\mathbf{R}^n$，与之相应的一个非负实数，记作 $\|\boldsymbol{x}\|$，称为向量 $\boldsymbol{x}$ 的范数，如果它满足条件：

1）非负性：$\|\boldsymbol{x}\|\geqslant 0,\forall \boldsymbol{x}\in\mathbf{R}^n$，而且当且仅当 $\boldsymbol{x}=\mathbf{0}$ 时，才有 $\|\boldsymbol{x}\|=0$；

2）正齐性：$\|\alpha\boldsymbol{x}\|=|\alpha|\|\boldsymbol{x}\|,\forall\alpha\in\mathbf{R},\boldsymbol{x}\in\mathbf{R}^n$；

3）三角不等式：$\|\boldsymbol{x}+\boldsymbol{y}\|\leqslant\|\boldsymbol{x}\|+\|\boldsymbol{y}\|,\forall\boldsymbol{x},\boldsymbol{y}\in\mathbf{R}^n$.

常用的范数有以下三种：

1－范数：$\|\boldsymbol{x}\|_1=|x_1|+|x_2|+\cdots+|x_n|$，

2－范数：$\|\boldsymbol{x}\|_2=(|x_1|^2+|x_2|^2+\cdots+|x_n|^2)^{\frac{1}{2}}$，

∞－范数：$\|\boldsymbol{x}\|_\infty=\max(|x_1|,|x_2|,\cdots,|x_n|)$.

1－范数和∞－范数满足定义的三个条件很容易证明，2－范数的非负性和正齐性也容易证明，而三角不等式的证明则要用到 Cauchy 不等式：

$$\left(\sum_{i=1}^n x_iy_i\right)^2\leqslant\left(\sum_{i=1}^n x_i^2\right)\left(\sum_{i=1}^n y_i^2\right)$$

而此不等式可以用关于 λ 的二次式 $\sum_{i=1}^n(x_i+\lambda y_i)^2\geqslant 0$ 的判别式得到.

注意，对于向量实际上可以定义无穷多种范数，此处只写出最常用、最简单的三种范数. 此外，一般若不特指某种确定的范数时，范数符号就不写下标，如同前面定义中的 $\|*\|$，只有在用到某种确定的范数时才标出表示此种范数的下标.

2. 矩阵范数

在解线性方程组时，讨论解向量的误差，除了涉及右端向量 $\boldsymbol{b}$ 以外，涉及矩阵 $\boldsymbol{A}$，因此与向量一样，对矩阵也要定义矩阵的范数.

定义 2.2 矩阵 $\boldsymbol{A}=(\alpha_{ij})\in\mathbf{R}^{m\times n}$，与之相应的一个非负实数，记作 $\|\boldsymbol{A}\|$，称为矩阵 $\|\boldsymbol{A}\|$ 的范数，如果它满足条件：

1）非负性：$\|\boldsymbol{A}\|\geqslant 0,\forall\boldsymbol{A}\in\mathbf{R}^{m\times n}$，而且当且仅当 $\boldsymbol{A}=\mathbf{0}$ 时，才有 $\|\boldsymbol{A}\|=0$；

2）正齐性：$\|\alpha\boldsymbol{A}\|=|\alpha|\|\boldsymbol{A}\|,\forall\alpha\in\mathbf{R},\forall\boldsymbol{A}\in\mathbf{R}^{m\times n}$；

3）三角不等式：$\|\boldsymbol{A}+\boldsymbol{B}\|\leqslant\|\boldsymbol{A}\|+\|\boldsymbol{B}\|\quad\forall\boldsymbol{A},\boldsymbol{B}\in\mathbf{R}^{m\times n}$；

4）$\|\boldsymbol{AB}\|\leqslant\|\boldsymbol{A}\|\|\boldsymbol{B}\|,\forall\boldsymbol{A}\in\mathbf{R}^{m\times n},\boldsymbol{B}\in\mathbf{R}^{n\times p}$.

因为矩阵与向量相乘仍是向量，因此特别要求定义的一种矩阵范数与某一种向量范数满足关系：

5）$\|\boldsymbol{Ax}\|\leqslant\|\boldsymbol{A}\|\|\boldsymbol{x}\|,\forall\boldsymbol{A}\in\mathbf{R}^{m\times n},x\in\mathbf{R}^n$——矩阵与范数的相容性.

与前述三种向量范数分别相容的常用的三种矩阵范数：

1－范数 $\|\boldsymbol{A}\|_1=\max\limits_j\sum\limits_{i=1}^m|\alpha_{ij}|$（最大列和）

2－范数 $\|\boldsymbol{A}\|_2=(\boldsymbol{A}^{\mathrm{T}}\boldsymbol{A}\text{ 的最大特征值})^{\frac{1}{2}}$，

∞－范数 $\|\boldsymbol{A}\|_\infty=\max\limits_i\sum\limits_{j=1}^n|\alpha_{ij}|$（最大行和）

它们满足范数定义及相容性不再证明，感兴趣的读者可以参考其他资料.

注意，由于在线性代数中向量之间的运算只有加法，而矩阵之间除了加法外，还有乘法，而且矩阵与向量也有乘法，因此比矩阵范数比向量范数定义多了 4)、5) 两个条件. 同样，矩阵范数也有无穷多种，此处给出的也仅是最简单、最常用的(分别与常用的三种向量范数相容的)三种矩阵范数；与向量范数一样，如不特指某种确定的范数时，范数符号就不写下标，只有在用某种确定的范数时才标出表示此种范数的下标.

注：如果将 $\mathbf{R}^n$ 中的向量作为 $\mathbf{R}^{n\times 1}$ 中矩阵的特例，可以看到两种的定义是一致的.

例 2.10　设向量 $\boldsymbol{x}$ 和矩阵 $\boldsymbol{A}$ 如下，求它们的 1－范数和∞－范数，并验证其相容性：

$$x=\begin{pmatrix}2\\5\\-1\end{pmatrix},A=\begin{pmatrix}4&-2&0\\2&2&-6\end{pmatrix}$$

解　容易计算 $\|\boldsymbol{x}\|_1=8$，$\|x\|_\infty=5$，$\|\boldsymbol{A}\|_1=6$，$\|\boldsymbol{A}\|_\infty=10$；又因为 $\boldsymbol{Ax}=\begin{pmatrix}-2\\20\end{pmatrix}$，因此 $\|\boldsymbol{Ax}\|_1=22$，$\|\boldsymbol{Ax}\|_\infty=20$，显然满足相容性条件.

例 2.11　1. 设 $\|*\|$ 是 R^n 上的一种向量范数，矩阵 $\boldsymbol{M}\in\mathbf{R}^{n\times n}$ 非奇异，定义 $\|\boldsymbol{x}\|_M=\|\boldsymbol{Mx}\|$，$\forall x\in\mathbf{R}^n$，试证明 $\|*\|_M$ 是 $\mathbf{R}^n$ 上的向量范数.

2. 若与向量范数 $\|*\|$ 相容的矩阵范数仍记为 $\|*\|$，试证明由 $\|\boldsymbol{A}\|_M=\|\boldsymbol{MAM}^{-1}\|$ 定义了一种矩阵范数，且与向量范数 $\|*\|_M$ 相容.

证　1. 由于 $\|*\|$ 是范数，它必满足范数的三个条件；由于 $\|\boldsymbol{x}\|_M=\|\boldsymbol{Mx}\|$，所以：

(1) 非负性：$\|\boldsymbol{x}\|_M=\|\boldsymbol{Mx}\|\geqslant 0$，且 $\|\boldsymbol{x}\|_M=\|\boldsymbol{Mx}\|=0$，当且仅当 $\boldsymbol{Mx}=\boldsymbol{0}$；又由 $\boldsymbol{M}$ 的非奇性可知，当且仅当 $\boldsymbol{x}=\boldsymbol{0}$ 时，才有 $\boldsymbol{Mx}=\boldsymbol{0}$，因此，$\|\boldsymbol{x}\|_M=0$，当且仅当 $\boldsymbol{x}=\boldsymbol{0}$；

(2) 正齐性：$\|\alpha\boldsymbol{x}\|_M=\|\boldsymbol{M}(\alpha\boldsymbol{x})\|=\|\alpha(\boldsymbol{Mx})\|=|\alpha|\,\|\boldsymbol{Mx}\|=|\alpha|\,\|\boldsymbol{x}\|_M$

(3) 三角不等式：

$\|\boldsymbol{x}+\boldsymbol{y}\|_M=\|\boldsymbol{M}(\boldsymbol{x}+\boldsymbol{y})\|=\|\boldsymbol{Mx}+\boldsymbol{My}\|\leqslant\|\boldsymbol{Mx}\|+\|\boldsymbol{My}\|=\|\boldsymbol{x}\|_M+\|\boldsymbol{y}\|_M$

因此，按此定义的范数 $\|\boldsymbol{x}\|_M$ 是范数；

2. $|\boldsymbol{A}|_M=\|\boldsymbol{MAM}^{-1}\|$ 定义了一种矩阵范数所要求证明的非负性与正齐性与向量一样，容易证明. 以下证明其余条件：

(3) 三角不等式：

$$\|A+B\|_M=\|M(A+B)M^{-1}\|=\|MAM^{-1}+MBM^{-1}\|\leqslant\|MAM^{-1}\|+\|MBM^{-1}\|$$
$$=\|A\|_M+\|B\|_M$$

(4) $\|AB\|_M=\|M(AB)M^{-1}\|=\|(MAM^{-1})(MBM^{-1})\|$
$$\leqslant\|MAM^{-1}\|\|MBM^{-1}\|=\|A\|_M\|B\|_M$$

(5)关于相容性：

$\|Ax\|_M=\|MAx\|=\|MAM^{-1}Mx\|\leqslant\|MAM^{-1}\|\|Mx\|=\|A\|_M\|x\|_M$

至此完成全部证明.

注：从本例可以知道，范数有无穷多种，可以借助于本例判断所定义的量是否范数.

3. 范数的等价性

向量范数是向量的重要的数值性质，但我们已经看到一个向量可以有多种范数，那么不同的范数反映出来的数值性质会不会互相矛盾？也就是问：不同的范数是否有等价性？具体来说，就是：对向量序列$\{x^{(k)}\}$，会不会出现按一种范数$\|*\|$有$\lim\limits_{k\to\infty}\|x^{(k)}\|=0$，而按另一种范数$\|*\|$. 却是$\lim\limits_{k\to\infty}\|x^{(k)}\|\neq0$. 我们在此给出问题的结论是：在有限维空间中，任何范数都是等价的. 也就是说，若对于一种范数有$\lim\limits_{k\to\infty}\|x^{(k)}\|=0$，则对任何范数就有同样的结论. 特别地，对于前面给出的三种范数，有以下数值关系：

$$\|x\|_\infty\leqslant\|x\|_1\leqslant n\|x\|_\infty,$$
$$\frac{1}{\sqrt{n}}\|x\|_1\leqslant\|x\|_2\leqslant\|x\|_1,$$
$$\|x\|_\infty\leqslant\|x\|_2\leqslant\sqrt{n}\|x\|_\infty \tag{2.16}$$

它们的证明作为习题留给读者.

4. 矩阵谱半径

矩阵有另一个非常重要的数值——特征值：对应于(方)矩阵 A，若有非零向量 x 和数 λ(即使 A 是实矩阵，x 和 λ 也可能是复向量和复数)满足等式

$$Ax=\lambda x \tag{2.17}$$

则称 λ 为 A 的特征值，x 是 A 的对应于特征值的特征向量. 特征值和特征向量反映了矩阵非常重要性质，所以才有这样的名称.

设 n 阶方阵 A 的 n 个特征值为$\{\lambda_1,\lambda_2,\cdots,\lambda_n\}$，则称

$$\rho(A)=\max_{1\leqslant i\leqslant n}\{|\lambda_i|\} \tag{2.18}$$

为矩阵 A 的谱半径.

谱半径和范数之间有关系式：

$$\rho(\boldsymbol{A})\leqslant\|\boldsymbol{A}\| \tag{2.19}$$

此处 $\|*\|$ 是任何一种范数. 这是因为由特征值和特征向量的定义，在式(2.17)两侧取范数，由正齐性和相容性，有

$$|\lambda|\|\boldsymbol{x}\|=\|\lambda\boldsymbol{x}\|=\|\boldsymbol{A}\boldsymbol{x}\|\leqslant\|\boldsymbol{A}\|\|\boldsymbol{x}\|$$

注意到特征向量 $\boldsymbol{x}\neq\boldsymbol{0}$，便有 $\|\boldsymbol{x}\|\neq 0$，再由特征值 λ 的任意性及式(2.18)谱半径的定义式，便得不等式(2.19).

2.3.2　残向量与误差的代数表征(矩阵的条件数)

若记方程组(2.1)的准确解 $\boldsymbol{x}^*$，近似解 $\tilde{\boldsymbol{x}}$. 则记近似解 $\tilde{\boldsymbol{x}}$ 的误差：

$$\boldsymbol{x}^*-\tilde{\boldsymbol{x}}=\begin{pmatrix}x_1^*-\tilde{x}_1\\x_2^*-\tilde{x}_2\\\vdots\\x_n^*-\tilde{x}_n\end{pmatrix}=\begin{pmatrix}e_1\\e_2\\\vdots\\e_n\end{pmatrix}=\boldsymbol{e}$$

称 $\boldsymbol{r}=\boldsymbol{b}-\boldsymbol{A}\tilde{\boldsymbol{x}}$ 为近似解 $\tilde{\boldsymbol{x}}$ 的残向量.

问题：若 $\|\boldsymbol{r}\|$ 小，能否推断出 $\|\boldsymbol{e}\|$ 也小?

因为解方程组(2.1)得到的解一般都是近似解，当方程组的维数是 1 的时候，即对于一元方程 $ax=b$，要问得到的解 $\tilde{x}$ 是否准确，只需验证数值 $e=b-\widetilde{ax}$ 是否很小就可以；但对于维数 $n\geqslant 2$ 时，问题就出现了，下面就是一个有趣的例子.

例 2.12　方程组

$$\begin{pmatrix}1.000 & 2.000\\0.499 & 1.001\end{pmatrix}\boldsymbol{x}=\begin{pmatrix}3.000\\1.500\end{pmatrix}$$

的准确解是 $\boldsymbol{x}^*=\begin{pmatrix}1\\1\end{pmatrix}$，若取近似解 $\tilde{\boldsymbol{x}}=\begin{pmatrix}2\\\frac{1}{2}\end{pmatrix}$，容易计算残向量

$$\boldsymbol{r}=\boldsymbol{b}-\boldsymbol{A}\tilde{\boldsymbol{x}}=\begin{pmatrix}0\\0.0015\end{pmatrix}$$

显然，残向量很小而近似解与准确解相差甚大：$\boldsymbol{e}=\begin{pmatrix}-1\\\frac{1}{2}\end{pmatrix}$；用∞－范数，有

$$\|\boldsymbol{r}\|_\infty=0.0015,\ \|\boldsymbol{e}\|_\infty=1.$$

为了更好地考察方程组、方程组解的误差和残向量的关系，可以比较方程组 $\boldsymbol{A}\boldsymbol{x}=\boldsymbol{b}$ 与 $\boldsymbol{A}\boldsymbol{x}=\boldsymbol{b}-\boldsymbol{r}$ 的解. 这样，$\boldsymbol{x}^*$ 是原方程组的解，而近似解 $\tilde{\boldsymbol{x}}$ 则是方程组 $\boldsymbol{A}\boldsymbol{x}=\boldsymbol{b}-\boldsymbol{r}$ 的解. 可以看到，从原方程组到新方程组 $\boldsymbol{A}\boldsymbol{x}=\boldsymbol{b}-\boldsymbol{r}$，右端向量 $\boldsymbol{b}$ 发生扰动 $-\boldsymbol{r}$，而对应的解则由 $\boldsymbol{x}^*$ 变为 $\tilde{\boldsymbol{x}}$，发生误差 $\boldsymbol{e}$. 下面证明它们之间有关系：

$$\frac{\|\boldsymbol{e}\|}{\|\boldsymbol{x}^*\|}\leqslant\|\boldsymbol{A}\|\|\boldsymbol{A}^{-1}\|\frac{\|\boldsymbol{r}\|}{\|\boldsymbol{b}\|} \tag{2.20}$$

证明:由于 $\boldsymbol{b}=\boldsymbol{A}\boldsymbol{x}^*$,根据范数的相容性有 $\|\boldsymbol{b}\|=\|\boldsymbol{A}\boldsymbol{x}^*\|\leqslant\|\boldsymbol{A}\|\|\boldsymbol{x}^*\|$,从而有

$$\frac{1}{\|\boldsymbol{x}^*\|}\leqslant\|\boldsymbol{A}\|\frac{1}{\|\boldsymbol{b}\|};$$

又由于 $\tilde{x}$ 是右端向量出现扰动的方程组的解:$\boldsymbol{A}\tilde{\boldsymbol{x}}=\boldsymbol{b}-\boldsymbol{r}$,即

$$\boldsymbol{r}=\boldsymbol{b}-\boldsymbol{A}\tilde{\boldsymbol{x}}=\boldsymbol{A}\boldsymbol{x}^*-\boldsymbol{A}\tilde{\boldsymbol{x}}=\boldsymbol{A}(\boldsymbol{x}^*-\tilde{\boldsymbol{x}})=\boldsymbol{A}\boldsymbol{e}$$

因此,$\boldsymbol{e}=\boldsymbol{A}^{-1}\boldsymbol{r}$,仍由范数的相容性得到

$$\|\boldsymbol{e}\|\leqslant\|A^{-1}\|\|\boldsymbol{r}\|$$

将所得两式左右分别相乘便得式(2.20). 证毕

从式(2.20)可见,$\|\boldsymbol{A}\|\|\boldsymbol{A}^{-1}\|$ 从本质上反映了方程组右端的相对误差 $\frac{\|\boldsymbol{r}\|}{\|\boldsymbol{b}\|}$ 与所导致解发生的相对误差 $\frac{\|\boldsymbol{e}\|}{\|\boldsymbol{x}^*\|}$ 的数值关系,反映了当方程组原始数据发生扰动时,方程组解发生变化的情况. 回忆 1.2.2 节提到的"问题的性态",称原始数据扰动的相对误差与计算结果的相对误差之比为"条件数",$\|\boldsymbol{A}\|\|\boldsymbol{A}^{-1}\|$ 就反映了方程组的性态,并称此数为方程组或矩阵的"条件数",记作 $\mathrm{Cond}(\boldsymbol{A})=\|\boldsymbol{A}\|\|\boldsymbol{A}^{-1}\|$;条件数小的方程组称作良态方程组,条件数大的方程组称作病态方程组. 由于总有 $\mathrm{Cond}(\boldsymbol{A})\geqslant1$(实际上,除了 $\boldsymbol{A}=\boldsymbol{I}$ 外,几乎总有 $\mathrm{Cond}(\boldsymbol{A})>1$),而从推导可知,$\frac{\|\boldsymbol{e}\|}{\|\boldsymbol{x}^*\|}\sim\|\boldsymbol{A}\|\|\boldsymbol{A}^{-1}\|\frac{\|\boldsymbol{r}\|}{\|\boldsymbol{b}\|}$(此处"~"表示"相当于"),因此一般总有 $\frac{\|\boldsymbol{e}\|}{\|\boldsymbol{x}^*\|}>\frac{\|\boldsymbol{r}\|}{\|\boldsymbol{b}\|}$.

在例 2.12 中:

$$\boldsymbol{A}^{-1}=\frac{1}{0.003}\begin{pmatrix}1.001 & -2.000\\ -0.499 & 1.000\end{pmatrix},$$

$$\|\boldsymbol{A}\|_\infty\|\boldsymbol{A}^{-1}\|_\infty=3\times3.001/0.003=3001$$

可见,该方程组是一个病态方程组.

对于更一般的矩阵 $\boldsymbol{A}$ 和右端向量 $\boldsymbol{b}$ 均发生扰动 $\Delta\boldsymbol{A}$ 和 $\Delta\boldsymbol{b}$ 的情况,有

$$\frac{\|\boldsymbol{e}\|}{\|\boldsymbol{x}^*\|}\leqslant\frac{\mathrm{Cond}(\boldsymbol{A})}{1-\mathrm{Cond}(\boldsymbol{A})\frac{\|\Delta\boldsymbol{A}\|}{\|\boldsymbol{A}\|}}\left(\frac{\Delta\boldsymbol{b}}{\|\boldsymbol{b}\|}+\frac{\Delta\boldsymbol{A}}{\|\boldsymbol{A}\|}\right) \tag{2.21}$$

证明:先证明若 $\|\boldsymbol{B}\|<1$ 必有 $(1-\boldsymbol{B})^{-1}$ 存在,且 $\|(1-\boldsymbol{B})^{-1}\|\leqslant\frac{1}{1-\|\boldsymbol{B}\|}$;

反证. 若 $(1-\boldsymbol{B})$ 奇异,即 $|\boldsymbol{I}-\boldsymbol{B}|=0$,由方程组解的理论,方程组 $(1-\boldsymbol{B})\boldsymbol{x}=\boldsymbol{0}$ 有非零解,即存在 $\boldsymbol{x}\neq\boldsymbol{0}$ 使 $\boldsymbol{B}\boldsymbol{x}=\boldsymbol{x}$; 又由

$0=\|\boldsymbol{0}\|=\|(\boldsymbol{I}-\boldsymbol{B})\boldsymbol{x}\|=\|\boldsymbol{x}-\boldsymbol{B}\boldsymbol{x}\|\geqslant\|\boldsymbol{x}\|-\|\boldsymbol{B}\boldsymbol{x}\|\geqslant\|\boldsymbol{x}\|-\|\boldsymbol{B}\|\|\boldsymbol{x}\|$ $=(1-\|\boldsymbol{B}\|)\|\boldsymbol{x}\|>0$ 矛盾，所以$(1-\boldsymbol{B})$非奇，$(1-\boldsymbol{B})^{-1}$存在. 又由 $\|\boldsymbol{I}\|=1$（至少对常用的三种范数）：

$$\begin{aligned}1=\|\boldsymbol{I}\|&=\|(\boldsymbol{I}-\boldsymbol{B})^{-1}(\boldsymbol{I}-\boldsymbol{B})\|=\|(\boldsymbol{I}-\boldsymbol{B})^{-1}-(\boldsymbol{I}-\boldsymbol{B})^{-1}\boldsymbol{B}\|\\&\geqslant\|(\boldsymbol{I}-\boldsymbol{B})^{-1}\|-\|(\boldsymbol{I}-\boldsymbol{B})^{-1}\|\|\boldsymbol{B}\|=\|(\boldsymbol{I}-\boldsymbol{B})^{-1}\|(1-\|\boldsymbol{B}\|)\end{aligned}$$

由此得 $\|(1-\boldsymbol{B})^{-1}\|\leqslant\dfrac{1}{1-\|\boldsymbol{B}\|}$.

其次，若$(\boldsymbol{A}+\Delta\boldsymbol{A})(\boldsymbol{x}^*+\Delta\boldsymbol{x})=\boldsymbol{b}+\Delta\boldsymbol{b}$，由 $\boldsymbol{A}\boldsymbol{x}^*=\boldsymbol{b}$ 可知

$$(A+\Delta\boldsymbol{A})\Delta\boldsymbol{x}=\Delta\boldsymbol{b}-\Delta\boldsymbol{A}\cdot\boldsymbol{x}^*$$

因此

$$\Delta\boldsymbol{x}=(\boldsymbol{A}+\Delta\boldsymbol{A})^{-1}(\Delta\boldsymbol{b}-\Delta\boldsymbol{A}\cdot\boldsymbol{x}^*)$$

又由

$$(\boldsymbol{A}+\Delta\boldsymbol{A})=\boldsymbol{A}(\boldsymbol{I}+\boldsymbol{A}^{-1}\Delta\boldsymbol{A})$$

即

$$(\boldsymbol{A}+\Delta\boldsymbol{A})^{-1}=(\boldsymbol{I}+\boldsymbol{A}^{-I}\Delta\boldsymbol{A})^{-1}\boldsymbol{A}^{-1}$$

从而有

$$\begin{aligned}\|\Delta\boldsymbol{x}\|&\leqslant\|(\boldsymbol{I}+\boldsymbol{A}^{-1}\Delta\boldsymbol{A})^{-1}\boldsymbol{A}^{-1}(\Delta\boldsymbol{b}-\Delta\boldsymbol{A}\boldsymbol{x}^*)\|\\&\leqslant\frac{\|\boldsymbol{A}^{-1}\|}{1-\|\boldsymbol{A}^{-1}\|\|\Delta\boldsymbol{A}\|}(\|\Delta\boldsymbol{b}\|+\|\Delta\boldsymbol{A}\|\|\boldsymbol{x}^*\|)\end{aligned}$$

即
$$\frac{\|\Delta\boldsymbol{x}\|}{\|\boldsymbol{x}^*\|}\leqslant\frac{\|\boldsymbol{A}^{-1}\|\|\boldsymbol{A}\|}{1-\|\boldsymbol{A}^{-1}\|\|\Delta\boldsymbol{A}\|}\left(\frac{\Delta\boldsymbol{b}}{\|\boldsymbol{A}\|\|\boldsymbol{x}^*\|}+\frac{\|\Delta\boldsymbol{A}\|}{\|\boldsymbol{A}\|}\right)$$

又由 $\|\boldsymbol{b}\|=\|\boldsymbol{A}\boldsymbol{x}\|\leqslant\|\boldsymbol{A}\|\|\boldsymbol{x}^*\|$，或$\dfrac{1}{\|\boldsymbol{A}\|\|\boldsymbol{x}^*\|}\leqslant\dfrac{1}{\|\boldsymbol{b}\|}$，便有

$$\frac{\|\Delta\boldsymbol{x}\|}{\|\boldsymbol{x}^*\|}\leqslant\frac{\mathrm{Cond}(\boldsymbol{A})}{1-\mathrm{Cond}(\boldsymbol{A})\dfrac{\|\Delta\boldsymbol{A}\|}{\|\boldsymbol{A}\|}}\left(\frac{\|\Delta\boldsymbol{b}\|}{\|\boldsymbol{b}\|}+\frac{\|\Delta\boldsymbol{A}\|}{\|\boldsymbol{A}\|}\right)$$
证毕

由此也可以看到，若条件数 Cond(**A**)大，由方程组的系数矩阵和右端向量的扰动导致解的误差会变的很大.

因此，对于病态问题，必须采用特殊的方法，才能保证得到的结果是可靠的.

第 1 章的例 1.1 中，当我们将方程组的系数与右端由分数改写为 2 位有效数字后，容易验证发生误差$\dfrac{\|\Delta\boldsymbol{A}\|_\infty}{\|\boldsymbol{A}\|_\infty}\approx0.0018$，$\dfrac{\|\Delta\boldsymbol{b}\|_\infty}{\|\boldsymbol{b}\|_\infty}\approx0.018$，但是结果的误差竟是$\dfrac{\|\Delta\boldsymbol{x}\|}{\|\boldsymbol{x}\|}\approx37.25$. 原因就是方程组的系数矩阵是一个病态矩阵，这个矩阵称为 Hilbert 矩阵，下表列出了若干不同阶的 Hilbert 矩阵的 2－范数意义下的条件数.

表 2.1 Hilbert 矩阵 H_n 的条件数

n	$\mathrm{Cond}_2(\boldsymbol{H}_n)$	n	$\mathrm{Cond}_2(\boldsymbol{H}_n)$
3	5.24×10^{2}	7	4.75×10^{8}
4	1.55×10^{4}	8	1.53×10^{10}
5	4.77×10^{5}	9	4.93×10^{11}
6	1.50×10^{7}	10	1.60×10^{13}

2.4 线性方程组的迭代解法

2.1 节介绍 Gauss 的消元法是一种“直接法”，所谓直接法是指该方法可以经过有限步完成，而且在实数范围内若不存在计算误差，可以得到准确解.

但直接法对大型问题，尤其是对一般的稀疏问题的求解效率比较低，而且对于大部分问题，它的原始数据也都是带有误差的，在计算过程中又会产生误差，所以也不必去追求理论上的准确解. 另一方面现代计算机的主要优点就是“不厌其烦，不知疲倦”，就是说它特别善于从事简单而重复的工作，从程序编制的角度看，充分运用“循环”进行计算，程序编制简单而且可以减少程序差错的可能. 因此，从现代计算机投入使用起，就有许多计算工作者不断地设计、研究求解线性方程组的各种不同的迭代法.

迭代法是求解形如

$$\boldsymbol{x}=\boldsymbol{G}\boldsymbol{x}+\boldsymbol{d} \tag{2.22}$$

形式的方程组，其中 $\mathbf{G}\in\mathbf{R}^{n\times n}$ 称为迭代矩阵，$\boldsymbol{d}\in\mathbf{R}^{n}$. 为此，选取适当的初始向量 $\boldsymbol{x}^{(0)}$ 代入式(2.22)的右端，计算得到的向量记为 $\boldsymbol{x}^{(1)}$，然后再将 $\boldsymbol{x}^{(1)}$ 代入(2.22)的右端，计算得到的向量记为 $\boldsymbol{x}^{(2)}$；这样反复地将向量 $\boldsymbol{x}^{(k)}$ $(k=0,1,\cdots)$ 代入式(2.22)的右边，可计算得到一个新的值 $\boldsymbol{x}^{k+1}$：

$$\boldsymbol{x}^{(k+1)}=\boldsymbol{G}\boldsymbol{x}^{(k)}+\boldsymbol{d} \tag{2.23}$$

便可得到向量序列$\{\boldsymbol{x}^{(k)}\}$；这种算法称为迭代法.

显然，如果向量序列$\{\boldsymbol{x}^{(k)}\}$收敛，则必然收敛于式(2.22)的解.

迭代法从算法结构看，显然比 Gauss 消去法简单，每次只需用固定的矩阵乘一个向量，再做一个向量加法. 但若要用迭代法解方程组(2.1)还需要解决四个重要问题：

问题① 对于一般形式的方程组 $\boldsymbol{A}\boldsymbol{x}=\boldsymbol{b}$(2.1)如何转化为等价的适合于迭代的(2.22)形式的方程组？

问题② 对于给定的初始向量 $\boldsymbol{x}^{(0)}$，迭代(2.23)生成的向量序列$\{\boldsymbol{x}^{(k)}\}$是否收敛？如何判别？

问题③ 向量序列$\{\boldsymbol{x}^{(k)}\}$的收敛性与初始向量$\boldsymbol{x}^{(0)}$的选取是否相关？

问题④ 如果$\{\boldsymbol{x}^{(k)}\}$收敛于方程组的解$\boldsymbol{x}^*$，如何估计误差$\boldsymbol{e}^{(k)}=\boldsymbol{x}^*-\boldsymbol{x}^{(k)}$？

一般而言$\boldsymbol{x}^*$是希望求得的目标，是收敛的极限，而“极限”是一个无穷性质，因此必须在有限范围内寻求满足必要精度的近似解$\tilde{\boldsymbol{x}}$，使$\|\tilde{\boldsymbol{e}}\|=\|\boldsymbol{x}^*-\tilde{\boldsymbol{x}}\|\leqslant\varepsilon$；为此需要对$\|\boldsymbol{e}^{(k)}\|=\|\boldsymbol{x}^*-\boldsymbol{x}^{(k)}\|$的值进行估计. 但注意，此处$\boldsymbol{x}^{(k)}$是计算结果，是可知的，但$\boldsymbol{x}^*$却是无法知道的.

后面就对这四个问题进行简单的讨论.

2.4.1　基本迭代法

首先我们回答问题①.

对照方程组(2.1) $\boldsymbol{Ax}=\boldsymbol{b}$和方程(2.22) $\boldsymbol{x}=\boldsymbol{Gx}+\boldsymbol{d}$. 一个简单的设想就是：将等式(2.1)的左端变为仅保留向量$\boldsymbol{x}$，其他一律调到右端就可以形成(2.22)方程形式. 为此，将方程组(2.1)的第i个方程(设$\alpha_{ii}\neq 0, i=1,2,\cdots,n$)改写成：

$$\alpha_{ii}x_i=-\alpha_{ii}x_1-\alpha_{i2}x_2-\cdots-\alpha_{ii-1}x_{i-1}\quad-\alpha_{i\,i+1}x_{i+1}-\cdots-\alpha_{in}x_n+\beta_i$$

再将此式遍除α_{ii}便得：

$$x_i=\frac{1}{\alpha_{ii}}(-\alpha_{i1}x_1-\alpha_{i2}x_2-\cdots-\alpha_{ii-1}x_{i-1}\quad-\alpha_{i\,i+1}x_{i+1}-\cdots-\alpha_{in}x_n+\beta_i)$$

从而原方程组可改写成如下等价形式：

$$\begin{cases} x_1=\dfrac{1}{\alpha_{11}}(& & -\alpha_{12}x_2 & -\alpha_{13}x_3 & \cdots & -\alpha_{1n}x_n & +\beta_1) \\ x_2=\dfrac{1}{\alpha_{22}}(& -\alpha_{21}x_1 & & -\alpha_{23}x_3 & \cdots & -\alpha_{2n}x_n & +\beta_2) \\ \qquad\vdots \\ x_n=\dfrac{1}{\alpha_{nn}}(& -\alpha_{n1}x_1 & -\alpha_{n2}x_2 & \cdots & -\alpha_{nn-1}x_{n-1} & & +\beta_n) \end{cases} \tag{2.24}$$

Jacobi 迭代

按迭代思想，将第$k(k=0,1,2,\cdots)$个迭代向量$\boldsymbol{x}^{(k)}=(x_1^{(k)},x_2^{(k)},\cdots,x_n^{(k)})^{\mathrm{T}}$的各分量代入(2.24)式的右端，便可(逐行按顺序)对右端进行计算，得到$x^{(k+1)}=(x_1^{(k+1)},x_2^{(k+1)},\cdots,x_n^{(k+1)})^{\mathrm{T}}$：

$$\begin{cases} x_1^{(k+1)}=\dfrac{1}{\alpha_{11}}(& & -\alpha_{12}x_2^{(k)} & -\alpha_{13}x_3^{(k)} & \cdots & -\alpha_{1n}x_n^{(k)} & +\beta_1) \\ x_2^{(k+1)}=\dfrac{1}{\alpha_{22}}(& -\alpha_{21}x_1^{(k)} & & -\alpha_{23}x_3^{(k)} & \cdots & -\alpha_{2n}x_n^{(k)} & +\beta_2) \\ \qquad\vdots \\ x_n^{(k+1)}=\dfrac{1}{\alpha_{nn}}(& -\alpha_{n1}x_1^{(k)} & -\alpha_{n2}x_2^{(k)} & \cdots & -\alpha_{nn-1}x_{n-1}^{(k)} & & +\beta_n) \end{cases} \tag{2.25}$$

这就是 Jacobi 迭代. 这是一个整体迭代的迭代方法，就是说：将 $\boldsymbol{x}^{(k)}$ 的各分量完整地代入迭代式的右端，分别计算得到 $\boldsymbol{x}^{(k+1)}$ 的各分量，采用“齐步走”的办法进行计算.

Gauss-Seidel 迭代

按通常的串行(即：逐行按顺序)计算方式，迭代计算式(2.25)计算第一式得到 $x_1^{(k+1)}$，完全可以参与第二式的右端的计算；同样，由第二式计算得到的 $x_2^{(k+1)}$ 与前已得到的 $x_1^{(k+1)}$ 可以参与第三式的右端的计算；依次类推，便形成另一种迭代：

$$\begin{cases} x_1^{(k+1)}=\dfrac{1}{\alpha_{11}}(\qquad\qquad -\alpha_{12}x_2^{(k)} \quad -\alpha_{13}x_3^{k} \quad \cdots \quad -\alpha_{1n}x_n^{(k)} +\beta_1) \\ x_2^{(k+1)}=\dfrac{1}{\alpha_{22}}(-\alpha_{21}x_1^{(k+1)} \qquad\qquad -\alpha_{23}x_3^{(k)} \quad \cdots \quad -\alpha_{2n}x_n^{(k)} +\beta_2) \\ \vdots \\ x_n^{(k+1)}=\dfrac{1}{\alpha_{nn}}(-\alpha_{n1}x_1^{(k+1)} -\alpha_{n2}x_2^{(k+1)} \quad \cdots \quad -\alpha_{nn-1}x_{n-1}^{(k+1)} \qquad +\beta_n) \end{cases} \tag{2.26}$$

这就是 Gauss-Seidel 迭代. 它的特点是在由 $\boldsymbol{x}^{(k)}$ 计算 $\boldsymbol{x}^{(k+1)}$ 的过程中，一旦产生新的分量就充分利用，用来计算下一个分量，因此它也被称为“逐点”迭代.

迭代法可以有无穷多种，至今仍有不少学者在研究. 因为随着新问题的出现，新型计算机的出现，算法也在不断发展，例如后面提到的“超松弛迭代”，以及随着并行计算机出现的“并行算法”等，都是对求解大型问题十分有效的方法.

2.4.2 迭代法的矩阵表示

前小节给出了两个迭代法的计算式(2.25)和(2.26)，用它们可以进行计算. 但是对具体的计算形式进行收敛性分析一般比较困难，需要寻求这些迭代法的矩阵形式，用前节定义的矩阵范数和向量范数作为主要工具，以矩阵形式对迭代法的收敛性进行分析.

从迭代式(2.25)和(2.26)可以看到，从 $\boldsymbol{x}^{(k)}$ 计算 $\boldsymbol{x}^{(k+1)}$ 过程中系数矩阵 $\boldsymbol{A}$ 可分为具有不同性质的三部分：对角部分、对角线下部分和对角线上部分. 为此将方程组(2.1)的系数矩阵 $\boldsymbol{A}$ 按对角部分、对角线下和对角线上分裂成三部分：

$$\boldsymbol{A}=\boldsymbol{D}-\boldsymbol{E}-\boldsymbol{F} \tag{2.27}$$

其中

$$\boldsymbol{D}=\begin{pmatrix} \alpha_{11} & & & \\ & \alpha_{22} & & \\ & & \ddots & \\ & & & \alpha_{nn} \end{pmatrix}, -\boldsymbol{E}=\begin{pmatrix} 0 & & & 0 \\ \alpha_{21} & 0 & & \\ \vdots & \vdots & \ddots & \vdots \\ \alpha_{n1} & \alpha_{n2} & \cdots & 0 \end{pmatrix}, -\boldsymbol{F}=\begin{pmatrix} 0 & \alpha_{12} & \cdots & \alpha_{1n} \\ & 0 & \cdots & \alpha_{2n} \\ & & \ddots & \vdots \\ 0 & & & 0 \end{pmatrix},$$

比较从方程组 $\boldsymbol{Ax}=\boldsymbol{b}$ 即 $(\boldsymbol{D}-\boldsymbol{E}-\boldsymbol{F})\boldsymbol{x}=\boldsymbol{b}$ 出发形成迭代计算的过程，第 1 步实际上是将与非对角元相关的部分放到等式的右端：

$$\begin{cases}\alpha_{11}x_1= & -\alpha_{12}x_2-\cdots & -\alpha_{1n}x_n & +\beta_1\\ \alpha_{22}x_2=-\alpha_{21}x_1 & -\alpha_{23}x_3-\cdots & -\alpha_{2n}x_n & +\beta_2\\ \vdots \\ \alpha_{nn}x_n=-\alpha_{n1}x_1 & -\alpha_{n2}x_2-\cdots-\alpha_{nn-1}x_{n-1} & & +\beta_n\end{cases}\tag{2.28}$$

其矩阵形式就是

$$\boldsymbol{Dx}=(\boldsymbol{E}+\boldsymbol{F})\boldsymbol{x}+\boldsymbol{b}\tag{2.29}$$

然后将第 $i(i=1,2,\cdots,n)$ 个方程的两端除以 α_{ii}，使左端 x_i 的系数化为 1，形成式(2.24)，它对应的矩阵形式是

$$\boldsymbol{x}=\boldsymbol{D}^{-1}(\boldsymbol{E}+\boldsymbol{F})\boldsymbol{x}+\boldsymbol{D}^{-1}\boldsymbol{b}\tag{2.30}$$

比较(2.25)便可知，Jacobi 迭代就是将 $\boldsymbol{x}^{(k)}$ 代入(2.30)右端计算便得到 $\boldsymbol{x}^{(k+1)}$；因此 Jacobi 迭代的矩阵形式是

$$\boldsymbol{x}^{(k+1)}=\boldsymbol{D}^{-1}(\boldsymbol{E}+\boldsymbol{F})\boldsymbol{x}^{(k)}+\boldsymbol{D}^{-1}\boldsymbol{b}\tag{2.31}$$

比较迭代方程(2.22)，可知 Jacobi 迭代的迭代矩阵(用符号 $\boldsymbol{J}$ 表示)

$$\boldsymbol{J}=\boldsymbol{D}^{-1}(\boldsymbol{E}+\boldsymbol{F})$$

对于 Gauss-Seidel 迭代(2.26)，我们先让右端的 α_{ii} 回到左端去，化为

$$\begin{cases}\alpha_{11}x_1^{(k+1)}= & -\alpha_{12}x_2^{(k)} & -\alpha_{13}x_3^{(k)} & \cdots & -\alpha_{1n}x_n^{(k)} & +\beta_1\\ \alpha_{22}x_2^{(k+1)}=-\alpha_{21}x_1^{(k+1)} & & -\alpha_{23}x_3^{(k)} & \cdots & -\alpha_{2n}x_n^{(k)} & +\beta_2\\ \vdots \\ \alpha_{nn}x_n^{(k+1)}=-\alpha_{n1}x_1^{(k+1)} & -\alpha_{n_2}x_2^{(k+1)} & \cdots & -\alpha_{nn-1}x_{n-1}^{(k+1)} & & +\beta_n\end{cases}$$

比较(2.28)式，它的矩阵形式是

$$\boldsymbol{Dx}^{(k+1)}=\boldsymbol{Ex}^{(k+1)}+\boldsymbol{Fx}^{(k)}+\boldsymbol{b}\tag{2.32}$$

再对它做简单变换，就可以知道 Gauss-Seidel 迭代的矩阵形式是

$$\boldsymbol{x}^{(k+1)}=(\boldsymbol{D}-\boldsymbol{E})^{-1}\boldsymbol{Fx}^{(k)}+(\boldsymbol{D}-\boldsymbol{E})^{-1}\boldsymbol{b}\tag{2.33}$$

比较迭代方程(2.22)，可知 Gauss-Seidel 迭代的的迭代矩阵(用 $\boldsymbol{G}_s$ 表示)

$$\boldsymbol{G}_s=(\boldsymbol{D}-\boldsymbol{E})^{-1}\boldsymbol{F}$$

进一步的分析，可以看到不同的迭代方法实际上是对原始方程 $\boldsymbol{Ax}=\boldsymbol{b}$ 的系数矩阵 $\boldsymbol{A}$ 做不同的分裂导出的：

Jacobi 迭代——分裂 $\boldsymbol{A}=\boldsymbol{D}-(\boldsymbol{E}+\boldsymbol{F})$

原方程组 $\boldsymbol{Ax}=\boldsymbol{b}$ 即 $\boldsymbol{Dx}-(\boldsymbol{E}+\boldsymbol{F})\boldsymbol{x}=\boldsymbol{b}$，又等价于 $\boldsymbol{Dx}=(\boldsymbol{E}+\boldsymbol{F})\boldsymbol{x}+\boldsymbol{b}$，则当系数矩阵 $\boldsymbol{A}$ 的对角部分 $\boldsymbol{D}$ 非奇(或 $\alpha_{ij}\neq 0,i=1,2,\cdots,n$)时，有

$$\boldsymbol{x}=\boldsymbol{D}^{-1}(\boldsymbol{E}+\boldsymbol{F})\boldsymbol{x}+\boldsymbol{D}^{-1}\boldsymbol{b}$$

其右端代入 $\boldsymbol{x}^{(k)}$ 计算后，就得到 $\boldsymbol{x}^{(k+1)}$，即 Jacobi 迭代的矩阵形式(2.31).

Gauss-Seidel 迭代——分裂 $\boldsymbol{A}=(\boldsymbol{D}-\boldsymbol{E})-\boldsymbol{F}$

原方程组 $\boldsymbol{Ax}=\boldsymbol{b}$ 即 $(\boldsymbol{D}-\boldsymbol{E})\boldsymbol{x}+\boldsymbol{Fx}=\boldsymbol{b}$，又等价于 $(\boldsymbol{D}-\boldsymbol{E})\boldsymbol{x}=\boldsymbol{Fx}+\boldsymbol{b}$，则当 $\boldsymbol{D}-\boldsymbol{E}$ 非奇(注意到 $\boldsymbol{D}-\boldsymbol{E}$ 是 $\boldsymbol{A}$ 的下三角部分，因此它非奇与 $\boldsymbol{D}$ 非奇是等价的)时，有

$$\boldsymbol{x}=(\boldsymbol{D}-\boldsymbol{E})^{-1}\boldsymbol{Fx}+(\boldsymbol{D}-\boldsymbol{E})^{-1}\boldsymbol{b}$$

其右端代入 $\boldsymbol{x}^{(k)}$ 计算后，就得到 $\boldsymbol{x}^{(k+1)}$，即 Gauss-Seidel 迭代的矩阵形式(2.33).

逐次超松弛(SOR ：Succesive Over-relaxation)迭代：

如果从矩阵分裂的角度导出迭代法，可以得到更多的结果. 作为一个例子，此处简单地介绍一个被广泛应用的“逐次超松弛迭代”.

首先将 Gauss-Seidel 迭代改写成形式：

$$\boldsymbol{x}^{(k+1)}=\boldsymbol{x}^{(k)}+\boldsymbol{D}^{-1}[\boldsymbol{Ex}^{(k+1)}-(\boldsymbol{D}-\boldsymbol{F})\boldsymbol{x}^{(k)}+\boldsymbol{b}].$$

迭代法可以认为是由 $\boldsymbol{x}^{(k)}$ 通过一定的方法修正为 $\boldsymbol{x}^{(k+1)}$，如果从 n 维空间的角度看，就是由点 $\boldsymbol{x}^{(k)}$ 移动到点 $\boldsymbol{x}^{(k+1)}$；而 Gauss-Seidel 迭代一步的修正量就是

$$\boldsymbol{D}^{-1}[\boldsymbol{Ex}^{(k+1)}-(\boldsymbol{D}-\boldsymbol{F})\boldsymbol{x}^{(k)}+\boldsymbol{b}]$$

从整体看，这一步可能太大，也可能太小，因此可以考虑对这一修正部分作适当的调整，取松弛因子 $\omega\in(0,2)$，由 $\boldsymbol{x}^{(k)}$ 到 $\boldsymbol{x}^{(k+1)}$ 的修正采用

$$\boldsymbol{x}^{(k+1)}=\boldsymbol{x}^{(k)}+\omega\boldsymbol{D}^{-1}[\boldsymbol{Ex}^{(k+1)}-(\boldsymbol{D}-\boldsymbol{F})\boldsymbol{x}^{(k)}+b]$$

即

$$\boldsymbol{x}^{(k+1)}=(\boldsymbol{D}-\omega\boldsymbol{E})^{-1}[(1-\omega)\boldsymbol{D}+\omega\boldsymbol{F}]\boldsymbol{x}^{(k)}+\omega(\boldsymbol{D}-\omega\boldsymbol{E})^{-1}b \qquad (2.34)$$

这就是逐次超松弛迭代，其中松弛因子 $\omega\in(0,2)$ 可根据方程组的系数矩阵作适当选择. 根据(2.34)可以得到具体的计算式：

$$x_i^{(k+1)}=x_i^{(k+1)}+\frac{\omega}{\alpha_{ii}}[\beta_i-\sum_{j=1}^{i-1}\alpha_{ij}x_j^{(k+1)}-\sum_{j=i}^{n}\alpha_{ij}x_j^{(k)}] \qquad i=1,2,\cdots,n \qquad (2.35)$$

对应于 SOR 迭代的原方程组(2.1)系数矩阵的分裂是：

$$\boldsymbol{A}=\frac{1}{\omega}\{(\boldsymbol{D}-\omega\boldsymbol{E})\text{-}[(1-\omega)\boldsymbol{D}+\boldsymbol{F}]\} \qquad (2.36)$$

对应的 SOR 迭代矩阵便是

$$(\boldsymbol{D}-\omega\boldsymbol{E})^{-1}[(1-\omega)\boldsymbol{D}+\omega\boldsymbol{F}] \qquad (2.37)$$

2.4.3 收敛性

得到了迭代法的矩阵形式，就可以回答迭代收敛的问题②和③.

记方程组(2.1)或其等价方程(2.22)的解为 $\boldsymbol{x}^*$. 设 $k\to\infty$ 时，向量序列 $\{\boldsymbol{x}^{(k)}\}$

收敛于方程的解 $\boldsymbol{x}^*$，即 $\lim\limits_{k\to\infty}\boldsymbol{x}^{(k)}=\boldsymbol{x}^*$，而“向量序列收敛”的意义是

$$\lim_{k\to\infty}x_i^{(k)}=x_i^* \quad i=1,2,\cdots,n,$$

注意到范数的等价性，有等价关系（以下用符号“⇔”表示等价）：

$$\begin{aligned}
\lim_{k\to\infty}\boldsymbol{x}^{(k)}=\boldsymbol{x}^* &\Leftrightarrow \lim_{k\to\infty}x_i^{(k)}=x_i^*, i=1,2,\cdots,n\\
&\Leftrightarrow \lim_{k\to\infty}(x_i^{(k)}-x_i^*)=0, i=1,2,\cdots,n\\
&\Leftrightarrow \lim_{k\to\infty}[\max_{1\leqslant i\leqslant n}|x_i^k-x_i^*|]=0\\
&\Leftrightarrow \lim_{k\to\infty}\|x^k-x^*\|_\infty=0\\
&\Leftrightarrow \lim_{k\to\infty}\|x^k-x^*\|=0
\end{aligned}$$

另一方面，由于 $\boldsymbol{x}^*$ 满足方程(2.22)，即 $\boldsymbol{x}^*=\boldsymbol{G}\boldsymbol{x}^*+\boldsymbol{d}$，将它与迭代式(2.23)：$\boldsymbol{x}^{(k+1)}=\boldsymbol{G}\boldsymbol{x}^{(k)}+\boldsymbol{d}$ 两者相减，得 $\boldsymbol{x}^{(k+1)}-\boldsymbol{x}^*=\boldsymbol{G}(\boldsymbol{x}^{(k)}-\boldsymbol{x}^*)$，在等式两边遍取向量范数，并由矩阵范数与向量范数的相容性，可得：

$$\|\boldsymbol{x}^{(k+1)}-\boldsymbol{x}^*\|\leqslant\|\boldsymbol{G}\|\|\boldsymbol{x}^{(k)}-\boldsymbol{x}^*\|$$

从而，由 k 的一般性有

$$\begin{aligned}
\|\boldsymbol{x}^{(k+1)}-\boldsymbol{x}^*\|&\leqslant\|\boldsymbol{G}\|\|\boldsymbol{x}^{(k)}-\boldsymbol{x}^*\|\leqslant\|\boldsymbol{G}\|^2\|\boldsymbol{x}^{(k-1)}-\boldsymbol{x}^*\|\\
&\leqslant\cdots\leqslant\|\boldsymbol{G}\|^{k+1}\|\boldsymbol{x}^{(0)}-\boldsymbol{x}^*\|
\end{aligned}$$

由此可见，当 $\|\boldsymbol{G}\|<1$ 时，无论初始向量 $\boldsymbol{x}^{(0)}$ 如何选取，总有 $\lim\limits_{k\to\infty}\|\boldsymbol{x}^{(k)}-\boldsymbol{x}^*\|=0$，即：$\lim\limits_{k\to\infty}\boldsymbol{x}^{(k)}=\boldsymbol{x}^*$；从而有

定理 2.3　迭代 $\boldsymbol{x}^{(k+1)}=\boldsymbol{G}\boldsymbol{x}^{(k)}+\boldsymbol{d}$ 任取初始向量 $\boldsymbol{x}^{(0)}$ 生成的向量序列 $\{\boldsymbol{x}^{(k)}\}$ 当 $k\to\infty$ 时收敛于方程的解 $\boldsymbol{x}^*$ 的充分条件是 $\|\boldsymbol{G}\|<1$.

这个定理告诉我们：第一，线性方程组迭代法的收敛性仅与迭代矩阵有关，而与常向量 $\boldsymbol{d}$ 无关；第二，线性方程组迭代法的收敛性与初始向量 $\boldsymbol{x}^{(0)}$ 的选取无关；第三，迭代矩阵的范数小于 1 是收敛的充分条件. 此处要特别强调的是，只要存在一种范数，使迭代矩阵的范数小于 1 就够. 因为范数有无穷多种，对于同一矩阵不同的范数有不同的值，可能有的小于 1，而有的大于 1，而定理 2.3 明确地告诉我们，只要有一个矩阵范数小于 1，迭代就必然收敛.

例 2.13　写出解以下方程组的 Jacobi 迭代计算式，并判断其收敛性.

$$\begin{cases}3x_1-2x_2+x_3=2\\-4x_1+6x_2-3x_3=3\\x_1\qquad\quad+5x_3=4\end{cases}$$

解　Jacobi 迭代是直接将非对角元移到右端，再两边遍除对角元便形成迭代计算式，因此容易写出

$$\begin{cases} x_1^{(k+1)}=\frac{1}{3}(& 2x_2^{(k)} & -x_3^{(k)} & +2) \\ x_2^{(k+1)}=\frac{1}{6}(4x_1^{(k)} & & +3x_3^{(k)} & +3) \\ x_3^{(k+1)}=\frac{1}{5}(-x_1^{(k)} & & & +4) \end{cases}$$

由此可以直接写出迭代矩阵(也可从系数矩阵的分裂计算得到)

$$J=\begin{pmatrix} 0 & \frac{2}{3} & -\frac{1}{3} \\ \frac{4}{6} & 0 & \frac{3}{6} \\ -\frac{1}{5} & 0 & 0 \end{pmatrix}$$

由于 $\|J\|_1=\frac{13}{15}<1$,根据定理 2.3,任取初始向量 $x^{(0)}$,Jacobi 迭代总收敛.

注:尽管 $\|J\|_\infty=\frac{7}{6}>1$,但已有 $\|J\|_1<1$ 就可以确认迭代收敛.

例 2.14 考察以下方程组 Jacobi 迭代的收敛性.

$$\begin{cases} x_1+x_2=1 \\ x_1+10x_2=1 \end{cases}$$

解 容易写出 Jacobi 迭代矩阵:$J=\begin{pmatrix} 0 & -1 \\ -\frac{1}{10} & 0 \end{pmatrix}$,此时 $\|J\|_1=\|J\|_2=\|J\|_\infty=1$,因此用定理 2.3 无法判断迭代是否收敛(因为定理是充分条件,不能因为没有找到小于 1 的范数就断定迭代不收敛!).

但是,通过以下方法,可以说明 Jacobi 迭代是收敛的. 迭代计算式

$$x^{(k+1)}=\begin{pmatrix} & -1 \\ -\frac{1}{10} & \end{pmatrix}x^{(k)}+\begin{pmatrix} 1 \\ \frac{1}{10} \end{pmatrix}$$

取 $x^{(0)}=(0\quad 0)^T$ 则

$$x^{(1)}=\begin{pmatrix} 1 \\ \frac{1}{10} \end{pmatrix}, x^{(2)}=\begin{pmatrix} 1-\frac{1}{10} \\ 0 \end{pmatrix}, \cdots, x^{(2k-1)}=\begin{pmatrix} 1 \\ 10^{-k} \end{pmatrix}, x^{(2k)}=\begin{pmatrix} 1-10^{-k} \\ 0 \end{pmatrix}, \cdots$$

容易得出结论,迭代收敛,且 $\lim\limits_{k\to\infty}x^k=(1\quad 0)^T=x^*$.

注意:定理 2.3 是对最一般的迭代方式(2.23)讨论的,下面考察 Jacobi 迭代与 Gauss-Seidel 迭代收敛的几个条件,具体化地讨论对原始方程 $Ax=b$ 采用 Jacobi 迭

代或 Gauss-Seidel 迭代时，迭代收敛与方程组系数矩阵 $\boldsymbol{A}$ 的关系.

先讨论当方程组的系数矩阵 $\boldsymbol{A}$ 是严格对角占优矩阵的情况. 由于 Jacobi 迭代的迭代矩阵为 $\boldsymbol{J}=\boldsymbol{D}^{-1}(\boldsymbol{E}+\boldsymbol{F})$，Gauss-Seidel 迭代的迭代矩阵为 $\boldsymbol{G}_s=(\boldsymbol{D}-\boldsymbol{E})^{-1}\boldsymbol{F}$. 注意到 $\boldsymbol{J}=\boldsymbol{D}^{-1}(\boldsymbol{E}+\boldsymbol{F})$ 的第 i 行是：

$$\left(-\frac{\alpha_{i1}}{\alpha_{ii}}\cdots-\frac{\alpha_{ii-1}}{\alpha_{ii}}\ 0\ -\frac{\alpha_{ii+1}}{\alpha_{ii}}\cdots-\frac{\alpha_{in}}{\alpha_{ii}}\right)$$

显而易见当 $\boldsymbol{A}$ 为严格对角占优矩阵时该行各元素的绝对值之和必小于 1，所以有 $\|\boldsymbol{D}^{-1}(\boldsymbol{E}+\boldsymbol{F})\|_\infty<1$. 结论是：

推论 2.4 若方程组 $\boldsymbol{Ax}=\boldsymbol{b}$ 的系数矩阵 $\boldsymbol{A}$ 严格对角占优，则任取初值的 Jacobi 迭代收敛.

对于 Gauss-Seidel 迭代有结论：

定理 2.5 若方程组 $\boldsymbol{Ax}=\boldsymbol{b}$ 的系数矩阵 $\boldsymbol{A}$ 严格对角占优，则任取初值的 Gauss-Seidel 迭代收敛.

证明 记 $l_i=\dfrac{1}{|\alpha_{ii}|}\sum\limits_{j=i}^{i-1}|\alpha_{ij}|$，$\boldsymbol{u}_i=\dfrac{1}{|\alpha_{ii}|}\sum\limits_{j=i+1}^{n}|\alpha_{ij}|$，

由矩阵 $\boldsymbol{A}$ 的严格对角占优性质可知 $l_i+u_i<1, i=1,2,\cdots,n$，易推得

$$\frac{u_i}{1-l_i}<1 \quad i=1,2,\cdots,n$$

记 $\mu=\max\limits_i\dfrac{u_i}{1-l_i}<1$，由式(2.32)的简单变形

$$\boldsymbol{x}^{(k+1)}=\boldsymbol{D}^{-1}\boldsymbol{E}\boldsymbol{x}^{(k+1)}+\boldsymbol{D}^{-1}\boldsymbol{F}\boldsymbol{x}^{(k)}+\boldsymbol{D}^{-1}\boldsymbol{b}$$

及

$$\boldsymbol{x}^*=\boldsymbol{D}^{-1}\boldsymbol{E}\boldsymbol{x}^*+\boldsymbol{D}^{-1}\boldsymbol{F}\boldsymbol{x}^*+\boldsymbol{D}^{-1}\boldsymbol{b}$$

两者相减，记 $\boldsymbol{e}^{(k)}=\boldsymbol{x}^*-\boldsymbol{x}^{(k)}$，便得

$$\boldsymbol{e}^{(k+1)}=\boldsymbol{D}^{-1}\boldsymbol{E}\boldsymbol{e}^{(k+1)}+\boldsymbol{D}^{-1}\boldsymbol{F}\boldsymbol{e}^{(k)}$$

按分量写出便是

$$e_i^{(k+1)}=\frac{1}{\alpha_{ii}}\sum_{j=1}^{i-1}(-\alpha_{ij})e_j^{(k+1)}+\frac{1}{\alpha_{ii}}\sum_{j=i+1}^{n}(-\alpha_{ij})e_j^{(k)} \quad i=1,2,\cdots,n$$

设 $\|e^{(k+1)}\|_\infty=\max\limits_i|e_i^{(k+1)}|=|e_{i0}^{(k+1)}|$，由 $\infty-$范数的定义

$$\begin{aligned}\|e^{(k+1)}\|_\infty&=|e_{i0}^{(k+1)}|\leqslant\frac{1}{|\alpha_{i0i0}|}\sum_{j=1}^{i0-1}|\alpha_{i0j}||e_j^{(k+1)}|+\frac{1}{|\alpha_{i0i0}|}\sum_{j=i0+1}^{n}|\alpha_{i0j}||e_j^{(k)}|\\&\leqslant\left(\frac{1}{|\alpha_{i0i0}|}\sum_{j=1}^{i0-1}|\alpha_{i0j}|\right)\|\boldsymbol{e}^{(k+1)}\|_\infty+\left(\frac{1}{|\alpha_{i0i0}|}\sum_{j=i0+1}^{n}|\alpha_{i0j}|\right)\|\boldsymbol{e}^{(k)}\|_\infty\\&=l_{i0}\|\boldsymbol{e}^{(k+1)}\|_\infty+u_{i0}\|\boldsymbol{e}^{(k)}\|_\infty\end{aligned}$$

所以

$$\| e^{(k+1)} \|_\infty \leqslant \frac{u_{i0}}{1-l_{i0}} \| e^{(k)} \|_\infty \leqslant \mu \| e^{(k)} \|_\infty$$

由此得

$$\| e^{(k+1)} \|_\infty \leqslant \mu \| e^{(k)} \|_\infty \leqslant \mu^2 \| e^{(k-1)} \|_\infty \leqslant \cdots \leqslant \mu^{k+1} \| e^{(0)} \|_\infty$$

由于 $0 \leqslant \mu < 1$，便得

$$\lim_{k\to\infty} \| e^{(k)} \|_\infty = 0$$

即

$$\lim_{k\to\infty} \boldsymbol{x}^{(k)} = \boldsymbol{x}^*$$

证毕

最后，不加证明地给出关于系数矩阵 $\boldsymbol{A}$ 为对称正定情况下的两种迭代的收敛判断定理，和逐次超松弛(SOR)迭代法的收敛条件.

定理 2.6 若方程组 Gauss-Seidel 的系数矩阵 $\boldsymbol{A}$ 对称正定，则 i)任取初值的 Gauss-Seidel 迭代收敛；ii)当 $2\boldsymbol{D}-\boldsymbol{A}$ 正定时，Jacobi 迭代收敛，否则就不收敛.

定理 2.7 逐次超松弛(SOR)迭代法的收敛条件：

i)迭代收敛的必要条件是：$0<\omega<2$；

ii)当方程组 $\boldsymbol{Ax}=\boldsymbol{b}$ 的系数矩阵 $\boldsymbol{A}$ 严格对角占优，且松弛因子 $0<\omega\leqslant 1$ 时，逐次超松弛(SOR)迭代收敛；

iii)当方程组组 $\boldsymbol{Ax}=\boldsymbol{b}$ 的系数矩阵 $\boldsymbol{A}$ 对称正定，且 $0<\omega<2$ 时，逐次超松弛(SOR)迭代收敛.

最后，有反映迭代法收敛的基本性质的定理：

定理 2.8 迭代法 $\boldsymbol{x}^{(k+1)}=\boldsymbol{Gx}^{(k)}+\boldsymbol{d}$ 收敛的**充分必要条件**是：矩阵 $\boldsymbol{G}$ 的谱半径 $\rho(\boldsymbol{G})<1$.

例 2.15 讨论以下述方阵为系数矩阵的方程 $\boldsymbol{Ax}=\boldsymbol{b}$ 的 Jacobi 迭代和 Gauss-Seidel 迭代的敛散性，

(1) $\boldsymbol{A}=\begin{pmatrix} 1 & 2 & -2 \\ 1 & 1 & 1 \\ 2 & 2 & 1 \end{pmatrix}$ (2) $\boldsymbol{A}=\begin{pmatrix} 2 & -1 & 1 \\ 2 & 2 & 2 \\ -1 & -1 & 2 \end{pmatrix}$

解：由于这两个矩阵既非严格对角占优，又非对称正定，因此只能用定理 2.8 判断两种迭代敛散性.

(1)对应的 Jacobi 迭代的迭代矩阵

$$\boldsymbol{J}=\begin{pmatrix} 0 & -2 & 2 \\ -1 & 0 & -1 \\ -2 & -2 & 0 \end{pmatrix},$$

其对应的特征方程

$$\det(\lambda \boldsymbol{I}-\boldsymbol{J})=\begin{vmatrix}\lambda & 2 & -2\\ 1 & \lambda & 1\\ 2 & 2 & \lambda\end{vmatrix}=\lambda^3=0$$

因此对应的 Jacobi 迭代的迭代矩阵 $\boldsymbol{J}$ 的特征值

$$\lambda_1=\lambda_2=\lambda_3=0$$

所以　谱半径 $\rho(\boldsymbol{J})=0<1$，所以对应的 Jacobi 迭代收敛.

又，由于 Gauss-Seidel 迭代的迭代矩阵比较难以得到，所以改用以下方法确定其特征值. 由于

$$\begin{aligned}\det(\lambda \boldsymbol{I}-\boldsymbol{G}_s)&=\det[\lambda \boldsymbol{I}-(\boldsymbol{D}-\boldsymbol{E})^{-1}\boldsymbol{F}]=\det[(\boldsymbol{D}-\boldsymbol{E})^{-1}[\lambda(\boldsymbol{D}-\boldsymbol{E})-\boldsymbol{F}]]\\ &=\det[(\boldsymbol{D}-\boldsymbol{E})^{-1}]\det[\lambda(\boldsymbol{D}-\boldsymbol{E})-\boldsymbol{F}]\end{aligned}$$

由矩阵$(\boldsymbol{D}-\boldsymbol{E})$的非奇性知 $\det[(\boldsymbol{D}-\boldsymbol{E})^{-1}]\neq 0$，因此特征方程 $\det(\lambda \boldsymbol{I}-\boldsymbol{G}_s)=0$ 的解必是方程 $\det[\lambda(\boldsymbol{D}-\boldsymbol{E})-\boldsymbol{F}]=0$ 的解，或者说，此方程的解就是 Gauss-Seidel 迭代的迭代矩阵的特征值；由于

$$\det[\lambda(\boldsymbol{D}-\boldsymbol{E})-\boldsymbol{F}]=\begin{vmatrix}\lambda & 2 & -2\\ \lambda & \lambda & 1\\ 2\lambda & 2\lambda & \lambda\end{vmatrix}=\lambda^3-4\lambda^2+4\lambda=\lambda(\lambda-2)^2$$

因此，$\rho(\boldsymbol{G}_s)=2\geqslant 1$；结论：Gauss-Seidel 迭代不收敛.

(2)对应的 Jacobi 迭代的迭代矩阵

$$\boldsymbol{J}=\begin{pmatrix}0 & \frac{1}{2} & -\frac{1}{2}\\ -1 & 0 & -1\\ \frac{1}{2} & \frac{1}{2} & 0\end{pmatrix},$$

对应的特征方程

$$\det(\lambda \boldsymbol{I}-\boldsymbol{J})=\begin{vmatrix}\lambda & -\frac{1}{2} & \frac{1}{2}\\ 1 & \lambda & 1\\ -\frac{1}{2} & -\frac{1}{2} & \lambda\end{vmatrix}=\lambda^3+\frac{5\lambda}{4}=0,$$

因此对应的 Jacobi 迭代的迭代矩阵 $\boldsymbol{J}$ 的特征值

$$\lambda_1=0,\lambda_{1,2}=\pm\frac{\sqrt{5}}{2}$$

所以谱半径 $\rho(\boldsymbol{J})=\frac{\sqrt{5}}{2}\geqslant 1$，所以对应的 Jacobi 迭代不收敛.

对于 Gauss-Seidel 迭代的迭代矩阵的特征值，由前可知，就是

$$\det[\lambda(\boldsymbol{D}-\boldsymbol{E})-\boldsymbol{F}]=\begin{vmatrix}2\lambda & -1 & -1\\ 2\lambda & 2\lambda & 2\\ -\lambda & -\lambda & 2\lambda\end{vmatrix}=8\lambda^3+8\lambda^2+2\lambda=2\lambda(2\lambda+1)^2=0$$

的解，所以 Gauss-Seidel 迭代的迭代矩阵的特征值是

$$\lambda_1=0,\lambda_{1,2}=-\frac{1}{2}$$

因此，谱半径 $\rho(\boldsymbol{G}_s)=\frac{1}{2}<1$，所以 Gauss-Seidel 迭代收敛.

例 2.16 证明：对于二元线性方程组 $\begin{pmatrix}\alpha_{11} & \alpha_{12}\\ \alpha_{21} & \alpha_{22}\end{pmatrix}\boldsymbol{x}=\begin{pmatrix}\beta_1\\ \beta_2\end{pmatrix}$，$\alpha_{11}\alpha_{22}\neq 0$，Jacobi 迭代和 Gauss-Seidel 迭代有相同的敛散性.

证 由于 Jacobi 迭代的迭代矩阵

$$\boldsymbol{J}=\begin{pmatrix} & -\frac{\alpha_{12}}{\alpha_{11}}\\ -\frac{\alpha_{21}}{\alpha_{22}} & \end{pmatrix}$$

因此由其特征多项式方程

$$|\lambda\boldsymbol{I}-\boldsymbol{J}|=\begin{pmatrix}\lambda & -\frac{\alpha_{12}}{\alpha_{11}}\\ \frac{\alpha_{21}}{\alpha_{22}} & \lambda\end{pmatrix}=\lambda^2-\frac{\alpha_{12}\alpha_{21}}{\alpha_{11}\alpha_{22}}=0$$

得 Jacobi 迭代矩阵的特征值为：

$$\lambda_{1,2}=\pm\sqrt{\frac{\alpha_{12}\alpha_{21}}{\alpha_{11}\alpha_{22}}}\quad 当\frac{\alpha_{12}\alpha_{21}}{\alpha_{11}\alpha_{22}}\geqslant 0，或\ \lambda_{1,2}=\pm \mathrm{i}\sqrt{\left|\frac{\alpha_{12}\alpha_{21}}{\alpha_{11}\alpha_{22}}\right|}\ 当\frac{\alpha_{12}\alpha_{21}}{\alpha_{11}\alpha_{22}}<0$$

所以 Jacobi 迭代矩阵的谱半径：

$$\rho(\boldsymbol{J})=\sqrt{\left|\frac{\alpha_{12}\alpha_{21}}{\alpha_{11}\alpha_{22}}\right|}$$

由于 7Gauss-Seidel 迭代矩阵的特征值就是以下多项式的根：

$$\det[\lambda(\boldsymbol{D}-\boldsymbol{E})-\boldsymbol{F}]=\begin{vmatrix}\lambda\alpha_{11} & \alpha_{12}\\ \lambda\alpha_{21} & \lambda\alpha_{22}\end{vmatrix}=\lambda(\lambda\alpha_{11}\alpha_{22}-\alpha_{12}\alpha_{21})=0$$

因此 Gauss-Seidel 迭代矩阵的特征值是

$$\lambda_1=0,\lambda_2=\frac{\alpha_{12}\alpha_{21}}{\alpha_{11}\alpha_{22}}$$

所以 Gauss-Seidel 迭代矩阵的谱半径：

$$\rho(\boldsymbol{G}_s)=\left|\frac{\alpha_{12}\alpha_{21}}{\alpha_{11}\alpha_{22}}\right|$$

由于$\sqrt{\left|\frac{\alpha_{12}\alpha_{21}}{\alpha_{11}\alpha_{22}}\right|}<1$当且仅当$\left|\frac{\alpha_{12}\alpha_{21}}{\alpha_{11}\alpha_{22}}\right|<1$，互相比较便得结论：Jacobi 迭代和 Gauss-Seidel 迭代有相同的敛散性

例 2.17　讨论以下述方阵为系数矩阵的方程 $\boldsymbol{Ax}=\boldsymbol{b}$ 的 Jacobi 迭代和 Gauss-Seidel 迭代的敛散性.

$$\boldsymbol{A}=\begin{pmatrix}2 & 3 & 4\\3 & 6 & 10\\4 & 10 & 20\end{pmatrix}$$

解　由于 $\boldsymbol{A}$ 正定，而 $2\boldsymbol{D}-\boldsymbol{A}$ 不正定，因此 Gauss-Seidel 迭代收敛，Jacobi 迭代不收敛.

例 2.18　判断以 $\boldsymbol{A}=\begin{pmatrix}4 & 2 & 3\\-3 & 5 & 1\\-2 & 2 & 6\end{pmatrix}$为系数矩阵的方程 $\boldsymbol{Ax}=\boldsymbol{b}$ 的 Jacobi 迭代的敛散性；

解　对应的 Jacobi 迭代的迭代矩阵

$$\boldsymbol{J}=\begin{pmatrix}0 & -\frac{1}{2} & -\frac{3}{4}\\ \frac{3}{5} & 0 & -\frac{1}{5}\\ \frac{1}{3} & -\frac{1}{3} & 0\end{pmatrix}$$

容易看到：$\|\boldsymbol{J}\|_1<1$，因此 Jacobi 迭代收敛.

例 2.19　对于以 $\boldsymbol{A}=\begin{pmatrix}1 & a & a\\a & 1 & a\\a & a & 1\end{pmatrix}$为系数矩阵的方程 $\boldsymbol{Ax}=\boldsymbol{b}$，证明：当$-\frac{1}{2}<a<1$时 Gauss-Seidel 迭代收敛，仅当$-\frac{1}{2}<a<\frac{1}{2}$时 Jacobi 迭代收敛.

证　(1)由于 A 对称，当$-\frac{1}{2}<a<1$时，$\boldsymbol{A}$ 的一阶顺序主子行列式：$|\boldsymbol{A}^{(1)}|=1>0$，二阶顺序主子行列式：$|\boldsymbol{A}^{(2)}|=\begin{vmatrix}1 & a\\a & 1\end{vmatrix}=1-a^2>0$；三阶顺序主子行列式：$|\boldsymbol{A}^{(3)}|=|\boldsymbol{A}|=1-3a^2+2a^3=(1-a)^2(1+2a)>0$，所以 $\boldsymbol{A}$ 正定，因此 Gauss-Seidel 迭代收敛；

(2) Jacobi 迭代的迭代矩阵 $\boldsymbol{J}=\begin{pmatrix} & -a & -a \\ -a & & -a \\ -a & -a & \end{pmatrix}$,对应的特征多项式方程

$$\det(\lambda\boldsymbol{I}-\boldsymbol{J})=\begin{vmatrix} \lambda & a & a \\ a & \lambda & a \\ a & a & \lambda \end{vmatrix}=(\lambda-a)^2(\lambda+2a)=0$$

由于 $\lambda_{1,2}=a,\lambda_3=-2a$,知 $\rho(\boldsymbol{J})=2|a|$;由 $\rho(\boldsymbol{J})=2|a|<1$ 知 $|a|<\frac{1}{2}$,所以,(当且)仅当 $-\frac{1}{2}<a<\frac{1}{2}$ 时 Jacobi 迭代收敛.

例 2.20 设 $\boldsymbol{A}=\begin{vmatrix} 2 & a & 0 \\ b & 2 & b \\ 0 & a & 1 \end{vmatrix}$,以 a、b 表示解方程 $\boldsymbol{Ax}=\boldsymbol{b}$ 的 Jacobi、Gauss-Seidel 迭代收敛的充分必要条件.

解 (1)Jacobi 迭代矩阵

$$\boldsymbol{J}=\boldsymbol{D}^{-1}(\boldsymbol{E}+\boldsymbol{F})=\begin{pmatrix} & -\frac{a}{2} & \\ -\frac{b}{2} & & -\frac{b}{2} \\ & -a & \end{pmatrix}$$

对应的特征多项式方程:

$$\det(\lambda\boldsymbol{I}-\boldsymbol{J})=\begin{vmatrix} \lambda & \frac{a}{2} & \\ \frac{b}{2} & \lambda & \frac{b}{2} \\ & a & \lambda \end{vmatrix}=\lambda^3-\frac{3}{4}ab\lambda=0$$

显然 $\rho(\boldsymbol{J})=\frac{\sqrt{3}}{2}\sqrt{|ab|}$;由定理 2.8 可知:当且仅当 $\rho(\boldsymbol{J})=\frac{\sqrt{3}}{2}\sqrt{|ab|}<1$ 即 $|ab|<\frac{4}{3}$ 时 Jacobi 迭代收敛;

(2)Gauss-Seidel 迭代:由前说明可知 Gauss-Seidel 迭代矩阵 $\boldsymbol{G}_s$ 的特征值是如下多项式方程的解

$$\det[\lambda(\boldsymbol{D}-\boldsymbol{E})-\boldsymbol{F}]=\begin{vmatrix} 2\lambda & a & 0 \\ b\lambda & a\lambda & b \\ 0 & a\lambda & \lambda \end{vmatrix}=4\lambda^3-3ab\lambda^2=4\lambda^2(\lambda-\frac{3}{4}ab)=0,$$

因此 $\rho(\boldsymbol{G}_s)=\frac{3}{4}|ab|$，由定理 2.7 可知：当且仅当 $\rho(\boldsymbol{G}_s)=\frac{3}{4}|ab|<1$ 即 $|ab|<\frac{4}{3}$ 时 Gauss-Seidel 迭代收敛.

2.4.4　迭代终止的判据

现在回答本节初提出的问题④：如果 $\{\boldsymbol{x}^{(k)}\}$ 收敛于方程组的解 $\boldsymbol{x}^*$，如何估计误差 $\boldsymbol{e}^{(k)}=\boldsymbol{x}^*-\boldsymbol{x}^{(k)}$？答案是如下定理：

定理 2.9　迭代 $\boldsymbol{x}^{(k+1)}=\boldsymbol{G}x^{(k)}+\boldsymbol{d}$，若 $\|\boldsymbol{G}\|=q<1$，则任意取初值 $\boldsymbol{x}^{(0)}$ 生成的向量序列 $\{\boldsymbol{x}^{(k)}\}$ 当 $k\to\infty$ 时收敛于方程的解 $\boldsymbol{x}^*$，且有误差估计：

$$\|\boldsymbol{x}^*-\boldsymbol{x}^{(k)}\|\leqslant\frac{1}{1-q}\|\boldsymbol{x}^{(k+1)}-\boldsymbol{x}^{(k)}\|\leqslant\frac{q^k}{1-q}\|\boldsymbol{x}^{(1)}-\boldsymbol{x}^{(0)}\| \tag{2.38}$$

证明　由前定理 2.6 可知，任选初值 $\boldsymbol{x}^{(0)}$ 迭代 $\boldsymbol{x}^{(k+1)}=\boldsymbol{G}\boldsymbol{x}^{(k)}+\boldsymbol{d}$ 总收敛，又由当 $m>k$ 时，由

$$\|\boldsymbol{x}^{(m+1)}-\boldsymbol{x}^{(m)}\|=\|(\boldsymbol{G}\boldsymbol{x}^{(m)}+\boldsymbol{d})-(\boldsymbol{G}\boldsymbol{x}^{(m-1)}+\boldsymbol{d})\|=\|\boldsymbol{G}\boldsymbol{x}^{(m)}-\boldsymbol{G}\boldsymbol{x}^{(m-1)}\|$$
$$=\|\boldsymbol{G}(\boldsymbol{x}^{(m)}-\boldsymbol{x}^{(m-1)})\|\leqslant\|\boldsymbol{G}\|\|\boldsymbol{x}^{(m)}-\boldsymbol{x}^{(m-1)}\|=q\|\boldsymbol{x}^{(m)}-\boldsymbol{x}^{(m-1)}\|$$

推得

$$\|\boldsymbol{x}^{(m+1)}-\boldsymbol{x}^{(m)}\|\leqslant q\|\boldsymbol{x}^{(m)}-\boldsymbol{x}^{(m-1)}\|\leqslant q^2\|\boldsymbol{x}^{(m-1)}-\boldsymbol{x}^{(m)}\|$$
$$\leqslant\cdots\leqslant q^{m-k}\|\boldsymbol{x}^{(k+1)}-\boldsymbol{x}^{(k)}\|$$

及

$$\|\boldsymbol{x}^{(k+1)}-\boldsymbol{x}^{(k)}\|\leqslant q^k\|\boldsymbol{x}^{(1)}-\boldsymbol{x}^{(0)}\|$$

据此，得

$$\|\boldsymbol{x}^{(m+1)}-\boldsymbol{x}^{(k)}\|=\|(\boldsymbol{x}^{(m+1)}-\boldsymbol{x}^{(m)})+(\boldsymbol{x}^{(m)}-\boldsymbol{x}^{(m-1)})+\cdots+(\boldsymbol{x}^{(k+1}-\boldsymbol{x}^{(k)})\|$$
$$\leqslant\sum_{j=k}^{m}\|\boldsymbol{x}^{j+1}-x^j\|$$
$$\leqslant(q^{m-k}+q^{m-k-1}+\cdots q+1)\|\boldsymbol{x}^{(k+1)}-\boldsymbol{x}^{(k)}\|$$
$$=\frac{1-q^{m-k+1}}{1-q}\|x^{k+1}-x^k\|$$

令 $m\to\infty$，由于 $\lim\limits_{m\to\infty}x^{(m)}=x^*$，$\lim\limits_{m\to\infty}q^{m-k+1}=0$ 便得

$$\|\boldsymbol{x}^*-\boldsymbol{x}^{(k)}\|\leqslant\frac{1}{1-q}\|\boldsymbol{x}^{(k+1)}-\boldsymbol{x}^{(k)}\|\leqslant\frac{q^k}{1-q}\|\boldsymbol{x}^{(1)}-\boldsymbol{x}^{(0)}\|$$

证毕

注 1：前一不等式称为“事后估计”，后一不等式称为“先验估计”；但由证明的过程可知，这些估计实际上是“误差界”的估计；

迭代法通常要求计算获得的解满足给定的误差界：$\|\boldsymbol{x}^*-\tilde{\boldsymbol{x}}\|\leqslant\varepsilon$：

(1) 先验估计：根据给定的误差界 ε，由估计式

$$\| \boldsymbol{x}^* - \boldsymbol{x}^{(k)} \| \leqslant \frac{q^k}{1-q} \| \boldsymbol{x}^{(1)} - \boldsymbol{x}^{(0)} \| \leqslant \varepsilon$$

可计算得

$$k \geqslant \frac{\lg((1-q)\varepsilon) / \| \boldsymbol{x}^{(1)} - \boldsymbol{x}^{(0)} \|}{\lg q}$$

从而，可据此确定迭代步数的最大控制数 K，当范数 $\|\boldsymbol{G}\| = q$ 计算正确，只要迭代程序编制正确，则可确认迭代经过 K 步后，迭代就可以结束，取 $\tilde{\boldsymbol{x}} = \boldsymbol{x}^{(k)}$ 作为解的足够好的近似.

(2) 事后估计：对给定的误差界 ε，由估计式

$$\| \boldsymbol{x}^* - \boldsymbol{x}^{(k)} \| \leqslant \frac{1}{1-q} \| \boldsymbol{x}^{(k+1)} - \boldsymbol{x}^{(k)} \| \leqslant \varepsilon$$

可知，在迭代计算过程中，可以反复验证不等式 $\| \boldsymbol{x}^{(k+1)} - \boldsymbol{x}^{(k)} \| \leqslant \varepsilon$ 是否满足，如果满足，迭代就可以结束，取 $\tilde{\boldsymbol{x}} = \boldsymbol{x}^{(k+1)}$ 作为解的足够好的近似.

在实际计算中，通常将上述两种终止判据同时使用.

注 2：对于系数矩阵 $\boldsymbol{A}$ 严格对角占优的方程 $\boldsymbol{Ax} = \boldsymbol{b}$ 的 Gauss-Seidel 迭代，可以用定理 2.5 定义的 μ 作为收敛因子(即取 $q = \mu$)，当然此时应取∞－范数；

注 3：若已肯定迭代收敛，但收敛因子 q 难以获得，可根据：
$\| \boldsymbol{x}^{(m+1)} - \boldsymbol{x}^{(m)} \| \leqslant q \| \boldsymbol{x}^{(m)} - \boldsymbol{x}^{(m-1)} \|$ 对适当大的 m 确定 q 的估计值.

小　结

线性方程组的解法分为两大类：直接法和迭代法.

本章简单讨论了直接法中最基本的方法 Gauss 消去法，它的基本思想是降维，每次消元的目的都是使讨论的方程组可以降低一维，最后形成上三角形式的方程组，便可进入回代，解得方程组的解. 为了保证算法的可执行性和稳定性，应采用选主元的策略，通常列主元 Gauss 消去法已具有较好的数值稳定性. 在下一章介绍的正交化算法的稳定性更好，对于一些病态问题可以采用正交化算法.

迭代法是解线性方程组的另一类方法，更适应于大型问题在现代计算机上的计算. 对于一般迭代问题 $\boldsymbol{x}^{(k+1)} = \boldsymbol{G}\boldsymbol{x}^{(k} + \boldsymbol{d}$ 的收敛性需要判断迭代矩阵 $\boldsymbol{G}$ 的性质，(某)范数 $\|\boldsymbol{G}\| < 1$ 是收敛的充分条件，而谱半径 $\rho(\boldsymbol{G}) < 1$ 则是收敛的充分必要条件. 对于方程组 $\boldsymbol{Ax} = \boldsymbol{b}$，本书较详细介绍了 Jacobi 迭代和 Gauss-Seidel 迭代，它们的收敛，当矩阵 $\boldsymbol{A}$ 是严格对角占优矩阵和对称正定矩阵时，给出了收敛性判断；而对于其他矩阵形态，一般多需要转换到 $\boldsymbol{x}^{(k+1)} = \boldsymbol{G}\boldsymbol{x}^{(k)} + \boldsymbol{d}$ 判断矩阵 $\boldsymbol{G}$ 的性质，就往往比较困难.

习　题

1. 用 Gauss 消去法解线性方程组 $\boldsymbol{Ax}=\boldsymbol{b}$,其中

(1) $\boldsymbol{A}=\begin{pmatrix}2 & -1 & -2\\ 3 & -1 & 2\\ 1 & 2 & 3\end{pmatrix},\boldsymbol{b}=\begin{pmatrix}1\\12\\11\end{pmatrix}$

(2) $\boldsymbol{A}=\begin{pmatrix}1 & 2 & 1 & -2\\ 2 & 5 & 3 & -2\\ -2 & -2 & 3 & 5\\ 1 & 3 & 2 & 3\end{pmatrix},\boldsymbol{b}=\begin{pmatrix}4\\7\\-1\\0\end{pmatrix}$

(3) $\boldsymbol{A}=\begin{pmatrix}0 & 2 & 0 & 2\\ 2 & 2 & 3 & 2\\ 4 & -3 & 0 & 1\\ 6 & 1 & -6 & -5\end{pmatrix},\boldsymbol{b}=\begin{pmatrix}2\\0\\-11\\-5\end{pmatrix}$

(4) $\boldsymbol{A}=\begin{pmatrix}1 & 2 & 3 & 4\\ 2 & 3 & 4 & 5\\ 3 & 4 & 4 & 5\\ 4 & 5 & 5 & 7\end{pmatrix},\boldsymbol{b}=\begin{pmatrix}30\\40\\43\\57\end{pmatrix}$

(5) $\boldsymbol{A}=\begin{pmatrix}1 & 2 & 3 & 4\\ 2 & 5 & 4 & 5\\ 3 & 4 & 15 & 16\\ 4 & 5 & 16 & 30\end{pmatrix},\boldsymbol{b}=\begin{pmatrix}1\\-1\\15\\4\end{pmatrix}$

2. 用列主元 Gauss 消去法解第一题的线性方程组.

3. 对初等下三角矩阵 $\boldsymbol{L}_k$(2.1),证明(2.4)

$$\boldsymbol{L}_k^{-1}=\begin{pmatrix}1 & & & & & \\ & \ddots & & & & \\ & & 1 & & & \\ & & l_{i+1,i} & 1 & & \\ & & \vdots & & \ddots & \\ & & l_{n,i} & & & 1\end{pmatrix}$$

及(2.5)式:

$$L = L_1^{-1} L_2^{-1} \cdots L_{n-1}^{-1} = \begin{pmatrix} 1 & & & & \\ l_{21} & 1 & & & \\ \vdots & \vdots & \ddots & & \\ l_{n-1,1} & l_{n-1,2} & \cdots & 1 & \\ l_{n,1} & l_{n,2} & \cdots & l_{n,n-1} & 1 \end{pmatrix}$$

4. 对第 1 题的各小题的矩阵 $\boldsymbol{A}$，若可分解则将其作 Doolittle 分解，求该矩阵对应行列式的值；对于对称矩阵则分解为 $\boldsymbol{LDL}^{\mathrm{T}}$ 形式，并判断是否是正定矩阵，若正定再分解为 $\boldsymbol{GG}^{\mathrm{T}}$ 形式.

5. 用追赶法解三对角方程组 $\boldsymbol{Ax}=\boldsymbol{b}$，其中

$$\boldsymbol{A} = \begin{pmatrix} 4 & -1 & & & & \\ -1 & 4 & -1 & & & \\ & -1 & 4 & -1 & & \\ & & -1 & 4 & -1 & \\ & & & -1 & 4 & -1 \\ & & & & & -1 \end{pmatrix}, \quad \boldsymbol{b} = \begin{pmatrix} 100 \\ 0 \\ 0 \\ 0 \\ 0 \\ 100 \end{pmatrix}$$

6. 计算以下矩阵的 1－范数，2－范数，∞－范数及对应的条件数.

$$\boldsymbol{A}_1 = \begin{pmatrix} 5 & -4 & -7 \\ 4 & 2 & -4 \\ -7 & -4 & 5 \end{pmatrix}, \quad \boldsymbol{A}_2 = \begin{pmatrix} 1 & \frac{1}{2} & \frac{1}{3} \\ \frac{1}{2} & \frac{1}{3} & \frac{1}{4} \\ \frac{1}{3} & \frac{1}{4} & \frac{1}{5} \end{pmatrix}$$

7. 证明范数等价性公式(2.16).

8. 设方程组 $\boldsymbol{Ax}=\boldsymbol{b}$ 的系数矩阵如下：

$$\boldsymbol{A}_1 = \begin{pmatrix} 1 & \frac{1}{2} & \frac{1}{2} \\ \frac{1}{2} & 1 & \frac{1}{2} \\ \frac{1}{2} & \frac{1}{2} & 1 \end{pmatrix}, \boldsymbol{A}_2 = \begin{pmatrix} 2 & 3 & 4 \\ 3 & 6 & 10 \\ 4 & 10 & 20 \end{pmatrix}, \boldsymbol{A}_3 = \begin{pmatrix} 6 & 3 & -3 \\ 1 & 3 & 1 \\ 3 & -2 & -5 \end{pmatrix}$$

试确定对应的 Jacobi 迭代和 Gauss-Seidel 迭代是否收敛. 若收敛，则取初值 $\boldsymbol{x}^{(0)}=(0,0,0)^{\mathrm{T}}$，迭代 2 步，计算 $\boldsymbol{x}^{(2)}$.

第3章　数据近似

在工程和科学的实践活动中经常会遇到一类问题:通过由实验获得的一组数据,寻求数据反映的函数关系,例如时间、温度、压力、位移、速度等等之间的函数关系.一般而言,这些量之间的函数关系本身是客观存在的,但这些函数关系往往也非常复杂,通常很难求得,或者无法用有限形式表示.因此需要一些有效的方法,对这些数据进行处理,利用这一组离散的数据求得一个满足某种“近似”条件的函数,或者用这样的“近似”函数对原问题进行进一步的研究.因此,我们的问题是:

已知函数 $y=f(x)$的一组数据点:$\{(x_i,y_i),i=1,2,\cdots,m\}$,求一个适当的函数 $p(x)$,它是已知函数族$\{g_k(x),k=1,2,\cdots,n\}$——$g_k(x)$称为基函数——的线性组合,即:寻求适当的系数 $\alpha_1,\alpha_2,\cdots,\alpha_n$,使函数

$$p(x)=\alpha_1 g_1(x)+\alpha_2 g_2(x)+\cdots+\alpha_n g_n(x) \tag{3.1}$$

与 $f(x)$按某种标准相近似.

由于我们仅有这些离散点作为“函数近似"的依据,因此通常按下述数据之一为误差,使之取得极小作为“近似”标准:

$$E_1=\sum_{i=1}^{n}|p(x_i)-y_i|$$

$$E_2=\sqrt{\sum_{i=1}^{m}(p(x_i)-y_i)^2}$$

$$E_\infty=\max_{i=1,\cdots,m}\{|p(x_i)-y_i|\}$$

若取向量形式:$\boldsymbol{P}=(p(x_1),p(x_2),\cdots,p(x_m))^{\mathrm{T}}$,$\boldsymbol{y}=(y_1,y_2,\cdots,y_m)^{\mathrm{T}}$,则上述三式分别为:

$$\boldsymbol{E}_1=\|\boldsymbol{P}-\boldsymbol{y}\|_1,\ \boldsymbol{E}_2=\|\boldsymbol{P}-\boldsymbol{y}\|_2,\ \boldsymbol{E}_\infty=\|\boldsymbol{p}-\boldsymbol{y}\|_\infty$$

基函数 $g_k(x)$的选取应考虑原有函数,或原始数据描述的曲线所映射的函数.如果考虑将来的求导、积分等,就不妨用多项式,即取 $g_k(x)=x^k$;其他如 e^{kx},$\ln x$ 等都可以根据原始数据的性态选择采用,若对于周期函数也可以用 $\sin kx$,$\cos kx$.总之,$g_k(x)$的选取应根据实际情况不同而不同.

3.1　多项式插值

一般地,若有 $n+1$ 个数据点$\{(x_i,y_i),i=0,1,\cdots,n\}$,寻求函数 $p(x)$,使

$$p(x_i) = y_i, i = 0,1,\cdots,n \tag{3.2}$$

即函数"近似"的标准为 $\boldsymbol{E}_1=\boldsymbol{E}_2=\boldsymbol{E}_\infty=0$(由范数定义可知,此为误差最小的情况),称函数 $p(x)$ 为满足插值条件(3.2)的插值函数,而点 $\{(x_i,y_i),i=0,1,\cdots,n\}$ 称为插值节点.

若满足插值条件(3.2)的函数 $p(x)$ 的基函数取 $\{g_k(x)=x^k,k=0,1,2,\cdots\}$,则 $p(x)$ 是多项式

$$p(x) = \alpha_0 + \alpha_1 x + \cdots + \alpha_n x^n + \cdots \tag{3.3}$$

称满足插值条件(3.2) 的多项式 $p(x)$ 为插值多项式.

3.1.1 插值多项式

对于上述的多项式插值问题,当插值节点数为 $n+1$ 时,通常用 n 次多项式 $p(x)=\alpha_0+\alpha_1x+\cdots+\alpha_nx^n$ 进行插值. 此时,根据插值条件(3.2),可形成有 $n+1$ 个待定的系数 $\alpha_0,\alpha_1,\cdots,\alpha_n$ 的 $n+1$ 个方程:

$$\begin{cases} p(x_0) = \alpha_0 + \alpha_1 x_0 + \cdots + \alpha_n x_0^k = y_0 \\ p(x_1) = \alpha_0 + \alpha_1 x_1 + \cdots + \alpha_n x_1^k = y_1 \\ \vdots \\ p(x_n) = \alpha_0 + \alpha_1 x_n + \cdots + \alpha_n x_n^k = y_n \end{cases} \tag{3.4}$$

这个方程组的系数矩阵称为 Vandermonde 矩阵(记作 $\mathbf{V}$),在线性代数教材中可以找到. 它对应的行列式值

$$\begin{aligned} \det(\mathbf{V}) &= \prod_{0\leqslant i\leqslant j\leqslant n}(x_j - x_i) \\ &= (x_1-x_0)(x_2-x_1)(x_2-x_0)\cdots(x_n-x_{n-1})(x_n-x_{n-2})\cdots(x_n-x_0) \end{aligned}$$

显然,当 $x_i\neq x_j$, $\forall\, i\neq j$ 时,方程组(3.4)的解存在且唯一. 因此有

定理 3.1 对 $n+1$ 个数据点 $\{(x_i,y_i)_{i=0,1,\cdots,n}, x_i\neq x_j, \forall\, i\neq j\}$,存在满足 $n+1$ 个插值条件(3.2)的唯一的不超过 n 次的插值多项式.

注 1:定理指出满足条件的插值多项式是唯一的,但是插值多项式的形式可以不同,就像在解析几何中同一条直线可以有"两点式"、"斜截式"、"截距式"、"点斜式"、"一般式"等等;

注 2:定理中指出"不超过 n 次的插值多项式",是因为解方程组(3.4)时,方程组的解中并不排除 $\alpha_n=0$ 等的情况,因此可能得到的唯一的插值多项式是 $n-1$ 次的,甚至得到更低次的插值多项式也是可能的.

从表面上看,问题似乎已经得到解决了,但实际上还存在两个问题:一是需要解方程组(3.4),这需要不少的工作量;其次,Vandermonde 矩阵是一个病态比较严重的矩阵. 因此一般不用解方程组(3.4)的方法解决插值问题,而是采用以下两

小节提供的方法解决.

3.1.2　Lagrange(形式)插值多项式

从通过两点的直线方程谈起,该直线方程从插值的观点看就是满足两个插值条件的插值多项式;众所周知此时直线方程可以用两点式表示

$$y=L(x)=\frac{x-x_1}{x_0-x_1}y_0+\frac{x-x_0}{x_1-x_0}y_1$$

注意到其中两个一次式:$l_0(x)=\frac{x-x_1}{x_0-x_1}$,$l_1(x)=\frac{x-x_0}{x_1-x_0}$,分别具有的性质:$l_0(x_j)=\begin{cases}0,j=1\\1,j=0\end{cases}$,$l_1(x_j)=\begin{cases}0,j=0\\1,j=1\end{cases}$,而由于它们的线性组合仍是一次,从而用组合系数 y_0,y_1 将它们组合以后得到的 $L(x)$,就会满足应满足的插值条件.

将此推广到一般的满足 $n+1$ 个插值条件的不超过 n 次多项式,可以考虑寻求 n 次的多项式 $l_i(x)$ $(i=0,1,2,\cdots,n)$,它满足条件 $l_i(x_j)=\delta_{ij}=\begin{cases}0, & i\neq j\\1, & i=j\end{cases}$,取对应的组合系数 y_i,将它们组合后形成的多项式 $L(x)=\sum\limits_{i=0}^{n}l_i(x)y_i$ 将满足插值条件(3.2).

由条件 $l_i(x_j)=\delta_{ij}=\begin{cases}0, & i\neq j\\1, & i=j\end{cases}$,显然它有 n 个根:$x_0,\cdots,x_{i-1},x_{i+1},\cdots,x_n$;根据代数学基本定理,$n$ 次多项式有且仅有 n 个根(包括重根),因此 $l_i(x)$有如下形式

$$l_i(x)=\alpha_i(x-x_0)(x-x_1)\cdots(x-x_{i-1})(x-x_{i+1})\cdots(x-x_n).$$

又由于 $l_i(x_i)=1$,所以必有

$$l_i(x)=\frac{(x-x_0)\cdots(x-x_{i-1})(x-x_{i+1})\cdots(x-x_n)}{(x_i-x_0)\cdots(x_i-x_{i-1})(x_i-x_{i+1})\cdots(x_i-x_n)} \tag{3.5}$$

若记

$$\omega(x)=\prod_{i=0}^{n}(x-x_i)=(x-x_0)(x-x_1)\cdots(x-x_n) \tag{3.6}$$

便可将 $l_i(x)$简单地记为

$$l_i(x)=\frac{\omega(x)}{(x-x_i)\omega'(x_i)} \tag{3.7}$$

不难证明

$$L(x)=\sum_{i=0}^{n}l_i(x)y_i \tag{3.8}$$

为所求的插值多项式,它被称为 Lagrange(形式)插值多项式,而称 $l_i(x)$为

Lagrange基本插值多项式.

例 3.1 求满足下述插值条件的插值多项式,

x	-1	0	1	2
$y(x)$	-2	-1	1	2

解 由(3.5)(3.8),所求插值多项式为

$$L(x)=\frac{x(x-1)(x-2)}{(-1)(-1-1)(-1-2)}\times(-2)+\frac{(x+1)(x-1)(x-2)}{(0+1)(0-1)(0-2)}\times(-1)$$

$$+\frac{(x+1)x(x-2)}{(1+1)(1-2)}+\frac{(x+1)x(x-1)}{(2+1)2(2-1)}\times 2$$

显然,由插值条件可以直接写出 Lagrange 插值多项式,而不必求解(3.4)形式的线性方程组.这是这个方法的优点.但是这个方法也有一个致命的缺点:只要增加一个插值节点,Lagrange 插值多项式就发生大变化,不仅原插值多项式的每一项发生变化,而且增加了一项.这对于用计算机进行计算很不方便.

下节介绍的插值多项式在一定意义上解决了增加插值点后插值多项式如何变化的问题.

3.1.3 Newton(形式)插值多项式

在介绍新形式的插值多项式之前,需要先给出一个新的工具:差商.

定义 设函数 $y(x)$ 在节点 $x_0,x_1,\cdots,x_n$ 的值已知,定义零阶差商 $y[x_i]=y(x_i)$.进一步定义:

一阶差商:$y[x_0,x_1]=\dfrac{y[x_1]-y[x_0]}{x_1-x_0}$

二阶差商:$y[x_0,x_1,x_2]=\dfrac{y[x_0,x_2]-y[x_0,x_1]}{x_2-x_1}$

$\vdots$

n 阶差商:$y[x_0,x_1,\cdots,x_n]=\dfrac{y[x_0,x_1,\cdots,x_{n-2},x_n]-y[x_0,x_1,\cdots,x_{n-2},x_{n-1}]}{x_n-x_{n-1}}$

读者应特别注意的是差商不仅仅是差的商,而且是在有差别的点上求商.

为求插值多项式的又一个形式,针对 Lagrange 插值多项式存在的缺陷,考察每增加一个插值节点后,插值多项式的变化.为此,记满足 $k+1$ 个插值条件的(不超过)k 次插值多项式为 $L_k(x)$:$L_k(x_i)=y_i(i=0,1,\cdots,k)$.设在已有 $L_{k-1}(x)$的基础上增加插值点 x_k 后,增加 $Q_k(x)$形成了 $L_k(x)$,即

$$L_k(x)=L_{k-1}(x)+Q_k(x)$$

或

$$Q_k(x)=L_k(x)-L_{k-1}(x)$$

注意，由于 $L_k(x)$ 是 k 次多项式，$L_{k-1}(x)$ 是 $k-1$ 次多项式，因此 $Q_k(x)$ 应是 k 次多项式；又由于

$$L_k(x_i)=y_i,\quad i=0,1,\cdots,k-1,k$$
$$L_{k-1}(x_i)=y_i,\quad i=0,1,\cdots,k-1$$

故有 $Q_k(x_i)=0,i=0,1,\cdots,k-1$，即 $Q_k(x)$ 有 k 个零点：$x_i(i=0,1,\cdots,k-1)$；仍据代数学基本定理，k 次多项式 $Q_k(x)$ 有且仅有 k 个零点，因此

$$Q_k(x)=\alpha_k(x-x_0)(x-x_1)\cdots(x-x_{k-1})$$

至此，求 $Q_k(x)$ 只需确定系数 α_k. 我们从 $L_0(x)$ 开始：由于 $L_0(x)$ 是仅满足一个插值条件：$L_0(x_0)=y_0$ 的零次多项式，因此应有

$$L_0(x)=y_0$$

而

$$Q_1(x)=\alpha_1(x-x_0)$$

因此有

$$L_1(x)=L_0(x)+Q_1(x)=y_0+\alpha_1(x-x_0)$$

由于 $L_1(x)$ 又满足插值条件 $L_1(x_1)=y_1$，因此有

$$L_1(x_1)=L_0(x_1)+Q_1(x_1)=y_0+\alpha_1(x_1-x_0)=y_1$$

由此解得

$$\alpha_1=\frac{y_1-y_0}{x_1-x_0}=y[x_0,x_1]$$

因此

$$L_1(x)=y_0+y[x_0,x_1](x_1-x_0)$$

类似地

$$L_2(x)=L_1(x)+Q_2(x)=y_0+y[x_0,x_1](x-x_0)+\alpha_2(x-x_0)(x-x_1)$$

满足插值条件 $L(x_2)=y_2$，在上式中代入 x_2，并令之等于 y_2：

$$L_2(x_2)=L_1(x_2)+Q_2(x_2)=y_0+y[x_0,x_1](x_2-x_0)+\alpha_2(x_2-x_0)(x_2-x_1)=y_2$$

可解得

$$\alpha_2=\frac{y[x_0,x_2]-y[x_0,x_1]}{x_2-x_1}=y[x_0,x_1,x_2]$$

因而

$$L_2(x)=y_0+y[x_0,x_1](x-x_0)+y[x_0,x_1,x_2](x-x_0)(x-x_1)$$

一般地，可以得到

$$Q_k(x)=y[x_0,x_1,\cdots,x_k](x-x_0)(x-x_1)\cdots(x-x_{k-1})$$

由此便导出满足 $n+1$ 个插值条件的另一形式的插值多项式，称作 Newton 插值多项式.

$$N(x)=y_0+y[x_0,x_1](x-x_0)+y[x_0,x_1,x_2](x-x_0)(x-x_1)+\cdots+y[x_0,x_1,\cdots,x_n](x-x_0)(x-x_1)\cdots(x-x_{n-1}) \tag{3.9}$$

差商性质 1 对称性. 对$\{0,1,\cdots,n\}$的任意排列$\{i_0,i_1,\cdots,i_n\}$,有

$$y[x_0,x_1,\cdots,x_n]=y[x_{i0},x_{i1},\cdots,x_{in}] \tag{3.10}$$

证 前方法的 Newton 插值多项式的导出过程是:从仅满足一个插值条件(x_0,y_0)的插值多项式$L_0(x)=y_0$开始,逐步增加插值条件$(x_1,y_1)(x_2,y_2)\cdots$,直到最后的(x_n,y_n),形成的$N(x)$,它的n次项的系数就是$y[x_0,x_1,\cdots,x_n]$;同样,若从仅满足一个插值条件(x_{i0},y_{i0})的插值多项式$L_0(x)=y_{i0}$开始,逐步增加插值条件$(x_{i1},y_{i1}),(x_{i2},y_{i2})\cdots$,直到最后的$(x_{in},y_{in})$,形成的$N(x)$的最高次($n$次)项的系数就必定是$y[x_{i0},x_{i1},\cdots,x_{in}]$. 由插值多项式的唯一性可知,这两个插值多项式是同一的,从而它们的n次项的系数也是同一的,由此便得结论. 证毕

有了上述差商性质 1,便可以由插值条件按下述方式建立"差商表".

x	$y[*]$	$y[*\ \ *]$	$y[*\ \ *\ \ *]$	$y[*\ \ *\ \ *\ \ *]$
x_0	y_0			
x_1	y_1	$y[x_0,x_1]=\dfrac{y_1-y_0}{x_1-x_0}$		
x_2	y_2	$y[x_1,x_2]=\dfrac{y_2-y_1}{x_2-x_1}$	$y[x_0,x_1,x_2]=\dfrac{y[x_1,x_2]-y[x_0,x_1]}{x_2-x_0}$	
x_3	y_3	$y[x_2,x_3]=\dfrac{y_3-y_2}{x_3-x_2}$	$y[x_1,x_2,x_3]=\dfrac{y[x_2,x_3]-y[x_1,x_2]}{x_3-x_1}$	$y[x_0,x_1,x_2,x_3]=\dfrac{y[x_1,x_2,x_3]-y[x_0,x_1,x_2]}{x_3-x_0}$

此表中,根据已知函数,可写出表的第 1、2 列,随后就可以算第 3 列,再算第 4 列,再算第 5 列,等等. 表中的第 4 列:$y[x_0,x_1,x_2]=\dfrac{y[x_1,x_2]-y[x_0,x_1]}{x_2-x_0}$显然可根据前已得到的第 3 列计算;认真考察可以知道它与原始定义似乎有所不同,但其右端按原始定义及一阶差商的对称性有:

$$\frac{y[x_1,x_2]-y[x_0,x_1]}{x_2-x_0}=\frac{y[x_1,x_2]-y[x_1,x_0]}{x_2-x_0}=y[x_1,x_0,x_2]$$

再由差商性质 1,便知道它就是差商$y[x_0,x_1,x_2]$. 类似可计算$y[x_0,x_1,x_2,x_3]$. 从差商性质 1 及此表仍说明差商是:"在有差别的点上求商".

例 3.2 求满足下述插值条件的 Newton 插值多项式:

x	-1	0	1	2
$y(x)$	-2	-1	1	2

解 计算差商表

$$\begin{array}{lllll}
-1 & -2 & & & \\
0 & -1 & 1 & & \\
1 & 1 & 2 & \frac{1}{2} & \\
2 & 2 & 1 & -\frac{1}{2} & -\frac{1}{3}
\end{array}$$

据此可写出所求的 Newton 插值多项式为：

$$N(x)=-2+(x+1)+\frac{1}{2}(x+1)x-\frac{1}{3}(x+1)x(x-1)$$

又，将插值节点顺序作随意变换，以考证插值多项式及差商的变化. 由差商表

$$\begin{array}{lllll}
1 & 1 & & & \\
-1 & -2 & \frac{3}{2} & & \\
2 & 2 & \frac{4}{3} & -\frac{1}{6} & \\
0 & -1 & \frac{3}{2} & \frac{1}{6} & -\frac{1}{3}
\end{array}$$

可得到又一个 Newton 插值多项式：

$$N(x)=1+\frac{2}{3}(x-1)-\frac{1}{6}(x-1)(x+1)-\frac{1}{3}(x-1)(x+1)(x-2).$$

从表面看，这两个 Newton 插值多项式有所不同，但也只是形式上的不同而已，因为它们满足相同的插值条件，因此由定理 3.1 插值多项式的唯一性可知，两者是形式不同的同一插值多项式. 而从得到的 3 阶差商也证实了差商性质 2：

$$y[-1,0,1,2]=y[1,-1,2,0]=-\frac{1}{3}$$

差商性质 2　设 $y(x)$ 有直到 n 阶导数，则

$$y[x_0,x_1,\cdots,x_n]=\frac{1}{n!}y^{(n)}(\xi),\ \xi\in[\min_{0\leqslant i\leqslant n}x_i,\max_{0\leqslant i\leqslant n}x_i] \tag{3.11}$$

证　设 $x_0,x_1,\cdots,x_{n-1},x_n$ 为插值节点，则对应的 Newton 插值多项式

$N(x)=y_0+y[x_0,x_1](x-x_0)+\cdots+y[x_0,x_1,\cdots,x_n](x-x_0)(x-x_1)\cdots(x-x_{n-1})$

令 $R(x)=y(x)-N(x)$，由于 $x_i(i=0,1,\cdots,n)$ 是插值节点，所以

$$R(x_i)=y(x_i)-N(x_i)=0$$

即 $R(x)$ 有 $n+1$ 个零点；当 $x_i\neq x_j(i\neq j)$ 时，$x_i(i=0,1,\cdots,n)$ 形成了 n 个区间，由 Roll 定理(函数在区间 $[a,b]$ 上连续，(a,b) 上可导，且在两端点上函数值相同，则在区间上该函数的导数至少有一零点)，可知 $R'(x)$ 有 n 个零点，而这 n 个点又形成

$n-1$ 个区间，仍由 Roll 定理可知 $R''(x)$ 有 $n-1$ 个零点. 依此类推，可知 $R^{(n)}(x)$ 在 $[\min\limits_{0\leqslant i\leqslant n} x_i, \max\limits_{0\leqslant i\leqslant n} x_i]$ 中至少有一个零点，记为 ξ，即：$R^{(n)}(\xi)=y^{(n)}(\xi)-N^{(n)}(\xi)=0$，而 $N^{(n)}(\xi)=n!y[x_0,x_1,\cdots,x_n]$，即 $y^{(n)}(\xi)-n!y[x_0,x_1,\cdots,x_n]=0$ 由此得结论.

例 3.3 设 $p(x)=\alpha_0+\alpha_1 x+\alpha_2 x^2+\cdots+\alpha_n x^n$，则任取点 $x_0,x_1,\cdots,x_n$ 总有 $p[x_0,x_1,\cdots,x_n]=\alpha_n$，且与点的选择无关.

证 由差商性质 2，有

$$p[x_0,x_1,\cdots,x_n]=\frac{1}{n!}p^{(n)}(\xi)=\frac{1}{n!}(\alpha_n,n!)=\alpha_n$$

例 3.4 设 $p(x)=x^3+qx^2+rx+s$，若已知 $p[0,1,t]=1$，求差商 $p[1,2,t]$ 的值.

解 由例 3.3，知差商 $p[0,1,2,t]=1$，又由差商定义

$$p[0,1,2,t]=\frac{p[1,2,t]-p[0,1,t]}{2-0}=1$$

由 $p[0,1,t]=1$，立即得到 $p[1,2,t]=3$.

3.1.4 带导数条件的插值多项式

在插值问题中有大量的问题是寻求满足导数条件的插值多项式，为此定义重节点差商. 设函数 $y(x)$ 在 x 处可导，则定义重节点差商

$$y[x,x]=y'(x) \tag{3.12}$$

这是由导数的定义，有

$$y'(x)=\lim_{\Delta x\to 0}\frac{y(x+\Delta x)-y(x)}{\Delta x}=\lim_{\Delta x\to 0}y[x,x+\Delta x]=y[x,x]$$

上述定义也可以从差商性质 2 推出；由于 $y[x,t]=y'(\xi)\quad \xi\in[x,t]$ 或 $[t,x]$，令 $t\to x$ 便得同样的结论.

同理，由差商性质 2，在式(3.11)中同时令 $x_i\to x(i=0,1,\cdots,n)$，则有 $\xi\to x$，由此可推出，当 $y(x)$ 的 n 阶导数存在时. 可定义

$$y[\underbrace{x,x,\cdots,x}_{n+1}]=\frac{1}{n!}y^{(n)}(x) \tag{3.13}$$

注：由重节点差商定义可知，Newton 插值多项式是函数 Taylor 展开式的推广：在 Newton 插值多项式(3.9)中令 $x_i\to x_0(i=1,2,\cdots,n)$，利用重节点差商定义(3.12)(3.13)便有

$$N(x)=y_0+y'(x_0)(x-x_0)+\frac{1}{2!}y''(x_0)(x-x_0)^2+\cdots+\frac{1}{n!}y^{(n)}(x_0)(x-x_0)^n$$

这就是函数 $y(x)$ 在 x_0 点处的 Taylor 展开式.

例 3.5 求满足下述插值条件的插值多项式：

x	-1	0	1	2
$y(x)$	-2	-1	1	2
$y'(x)$		1		

解　建立差商表：

-1	-2				
0	-1	1			
0	-1	1	0		
1	1	2	1	$\frac{1}{2}$	
2	2	1	$-\frac{1}{2}$	$-\frac{3}{4}$	$-\frac{5}{12}$

由此便可写出插值多项式

$$N(x)=-2+(x+1)+\frac{1}{2}(x+1)x^2-\frac{5}{12}(x+1)x^2(x-1)$$

容易验证所得插值多项式不仅满足函数值插值条件,而且满足导数值插值条件.

当然也可以用待定系数法求带导数条件的插值多项式:

例 3.6　求不超过 2 次插值多项式 $H(x)$,使之满足条件:

$$H(x_0)=y_0,H'(x_1)=y'_1,H(x_2)=y_2$$

解　利用待定系数法,令

$$H(x)=y_0+y[x_0,x_2](x-x_0)+A(x-x_0)(x-x_2)$$

这是仿照 Newton 插值多项式的构造过程,前 2 项是满足 $H(x_0)=y_0,H(x_2)=y_2$ 两项插值条件,加上最后项后不改变这一性质,而使多项式上升为 2 次,系数 A 则由导数插值条件确定. 即

$$H'(x_1)=y[x_0,x_2]+A(2x_1-x_0-x_2)=y'_1$$

解得　$A=\dfrac{y'_1-y[x_0,x_2]}{(2x_1-x_0-x_2)}$.

因此所求插值多项式为

$$H(x)=y_0+y[x_0,x_2](x-x_0)+\frac{y'_1-y[x_0,x_2]}{(2x_1-x_0-x_2)}(x-x_0)(x-x_2)$$

3.1.5　插值公式的余项

一个插值多项式它与被插函数在插值点处必相等,而在其他点处一般并不相等,作为一个近似函数,自然要估计两者的误差.

若将以 $x_0,x_1,\cdots,x_{n-1},x_n$ 为插值节点插值多项式

$$N_n(x)=y_0+y[x_0,x_1](x-x_0)+\cdots$$

$$+y[x_0,x_1,\cdots,x_n](x-x_0)(x-x_1)\cdots(x-x_{n-1})$$

再增加一个插值节点 t,得插值多项式

$$N_{n+1}(x)=N_n(x)+y[x_0,x_1,\cdots,x_n,t](x-x_0)(x-x_1)\cdots(x-x_{n-1})(x-x_n)$$

由插值性质,有

$$y(t)=N_{n+1}(t)=N_n(t)+y[x_0,x_1,\cdots,x_n,t](t-x_0)(t-x_1)\cdots(t-x_{n-1})(t-x_n)$$

据此,并由所取 t 的任意性,可将 t 改作 x,并利用符号 $\omega(x)$,便得插值公式的余项公式

$$R(x)=y(x)-N_n(x)=y[x_0,x_1,\cdots,x_n,x]\omega(x)$$

利用差商性质 2,可以有余项的另一种表达形式

$$R(x)=\frac{y^{(n+1)}(\xi)}{(n+1)!}\omega(x)$$

例 3.7 设 $x_i(i=0,1,\cdots,n)$为相异的节点,$l_i(x)$为 Lagrange 基本插值多项式,试证明$\sum\limits_{i=0}^{n}x_i^k l_i(x)\equiv x^k,k=0,1,\cdots,n.$

证 令 $f(x)=x^k,k=0,1,\cdots,n$,取插值节点$(x_i,x_i^k),i=0,1,\cdots,n$,则满足此插值条件的 Larange 插值多项式为

$$L(x)=\sum_{i=0}^{n}x_i^k l_i(x)$$

又由于 $f^{(n+1)}(x)=0$,因此由插值多项式余项公式便有

$$R(x)=f(x)-L(x)=\frac{1}{(n+1)!}f^{(n+1)}(\xi)\omega(x)\equiv 0$$

因此,有 $L(x)=\sum\limits_{i=0}^{n}x_i^k l_i(x)\equiv f(x)=x^k,k=0,1,\cdots,n.$

例 3.8 令 $f(x)=\dfrac{x}{x+1}$,以点$\{(k,f(k)),k=0,1,\cdots,n\}$为插值节点的插值多项式记为 $p_n(x)$,求 $p_n(n+1)$.

解 由余项公式:

$$R(x)=f(x)-p_n(x)=f[0,1,\cdots,n,x]x(x-1)\cdots(x-n)$$

令 $x=n+1$,便有

$$p_n(n+1)=\frac{n+1}{n+2}-f[0,1,\cdots,n,n+1](n+1)!$$

建立计算 $f[0,1,\cdots,n,n+1]$的差商表

0	0					
1	$\frac{1}{2}$	$\frac{1}{1\times2}$				
2	$\frac{2}{3}$	$\frac{1}{2\times3}$	$\frac{-1}{1\times2\times3}$			
3	$\frac{3}{4}$	$\frac{1}{3\times4}$	$\frac{-1}{2\times3\times4}$	$\frac{(-1)^2}{1\times2\times3\times4}$		
$\vdots$						
$n-1$	$\frac{n-1}{n}$	$\frac{1}{(n-1)n}$	$\frac{-1}{(n-2)(n-1)n}$	$\frac{(-1)^2}{(n-3)(n-2)(n-1)n}$	$\cdots$	
n	$\frac{n}{n+1}$	$\frac{1}{n(n+1)}$	$\frac{-1}{(n-1)n(n+1)}$	$\frac{(-1)^2}{(n-2)(n-1)n(n+1)}$	$\cdots$	
$n+1$	$\frac{n+1}{n+2}$	$\frac{1}{(n+1)(n+2)}$	$\frac{-1}{n(n+1)(n+2)}$	$\frac{(-1)^2}{(n-1)n(n+1)(n+2)}$	$\cdots$	$\frac{(-1)^n}{(n+2)!}$

因此 $f[0,1,\cdots,n,n+1]=\dfrac{(-1)^n}{(n+2)!}$,故

$$p_n(n+1)=\frac{n+1}{n+2}-\frac{(-1)^n}{(n+2)!}(n+1)!=1-\frac{1}{n+2}-\frac{(-1)^n}{n+2}$$

$$=1-\frac{1+(-1)^n}{n+2}$$

3.1.6　Runge 现象

根据数据点寻求插值多项式 $p(x)$ 的目的是使之近似于原始函数 $y(x)$,从前 3.1.5 节得到的余项公式表达式,读者可能会认为当插值点变多后可以使两者之间的差别变小,到底是否如此?考察一下两者之间的最大误差:

$$E(p)=\max_x|y(x)-p(x)|=\max_x\left|\frac{y^{(n+1)}(\xi)}{(n+1)!}\omega(x)\right|\leqslant\frac{M_{n+1}}{(n+1)!}\max_x|\omega(x)| \tag{3.14}$$

其中 M_{n+1} 是 $|y^{(n+1)}(x)|$ 在所考察的区间上的最大值. $M_{n+1}=\max\limits_{x\in[a,b]}|y^{(n+1)}(x)|$.

刚才的问题就是当 $n\to\infty$ 时,是否能推出 $E(p)\to0$?

第一个回答是:若 $M_{n+1}=|y^{(n+1)}(x)|$ 有界,$\max\limits_x|\omega(x)|$ 有界,则回答是肯定的. 这从误差界(3.14)的表达式可以确定.

例如,$y(x)=\cos x$,显然 $M_{n+1}\equiv1$,取区间 $\left[0,\dfrac{\pi}{2}\right]$,插值点等距分布:$n$ 等分区间,步长 $h=\dfrac{\pi}{2n}$,节点 $x_i=\dfrac{i\pi}{2n}(i=0,1,\cdots,n)$,考察 $\max\limits_x|\omega(x)|$:若 $x\in[x_{j-1},x_j]$,$j\in\{1,2,\cdots,n\}$,则

$$|(x-x_{j-1})(x-x_j)|\leqslant\frac{h^2}{4}$$

$$|x-x_i|\leqslant 2h \qquad i=j-2,j+1$$

$$|x-x_i|\leqslant(2+1)h \qquad i=j-3,j+2 \quad \cdots$$

对 j 的位置作比较，可知当 x 是区间$[0,\frac{\pi}{2}]$中点时，$\max\limits_x|\omega(x)|$最小. 因为此时(区间 $n=2k-1$ 等分)

$$|\omega(x)|\leqslant\frac{h^2}{4}(2h)^2(3h)^2(4h)^2\cdots(kh)^2$$

而当 $x\in[x_0,x_1]$或 $x\in[x_{n-1},x_n]$，则

$$|\omega(x)|\leqslant\frac{h^2}{4}(2h)(3h)(4h)\cdots(nh)$$

所以，$\max\limits_x|\omega(x)|\leqslant\frac{n!}{4}h^{n+1}$，从而

$$E(p)\leqslant\frac{h^{n+1}}{4(n+1)}\to 0 \quad (n\to\infty)$$

第二个回答是：若插值点非等距分布，例如

$$x_i=\frac{1}{2}\left[a+b-(b-a)\cos\frac{(2i-1)\pi}{2n+1}\right]$$

可以证明：$\max|\omega(x)|\leqslant 2(\frac{b-a}{4})^n$，因此若 $b-a>4$，当 $n\to\infty$时，$\max|\omega(x)|\to\infty$，从而不能保证 $E(p)\to 0$.

即使$|\omega(x)|$ 有界，当$\frac{M_{n+1}}{(n+1)!}$无界时，仍可能 $E(p)$无界. 例如：取 $y(x)=x^{-2}$，则

$$y^{(k)}(x)=(-1)^k(k+1)!\ x^{-(k+2)},\frac{y^{(n+1)}(\xi)}{(n+1)!}=(-1)^{n+1}(n+2)x^{-(n+3)}$$

显然，若$|x|\ll 1$，当 $n\to\infty$时 $E(p)\to\infty$.

一个经典的例子是：Runge 函数

$$y(x)=\frac{1}{1+25x^2},(-1\leqslant x\leqslant 1)$$

区间等分 n 份，节点 $x_i=-1+\frac{2i}{n} \quad i=0,1,\cdots,n$；Runge 函数的值域是 $0<y(x)\leqslant 1,\forall x\in[-1,1]$. 但其插值多项式 $L_{20}(x)$的最小值竟达到近-60，具体数值及图形可见表 3.1 及图 3.1.

表 3.1 $n=20$ 的 Runge 函数的插值多项式的值

x	0.84	0.86	0.88	0.90	0.92	0.95	0.96
$L_{20}(x)$	2.6744	4.0691	3.9451	0.0471	−10.3345	−39.9524	−50.8644
x	0.97	0.973	0.974	0.975	0.976	0.978	
$L_{20}(x)$	−58.5447	−59.5704	−59.7279	−59.7819	−59.7254	−58.2381	

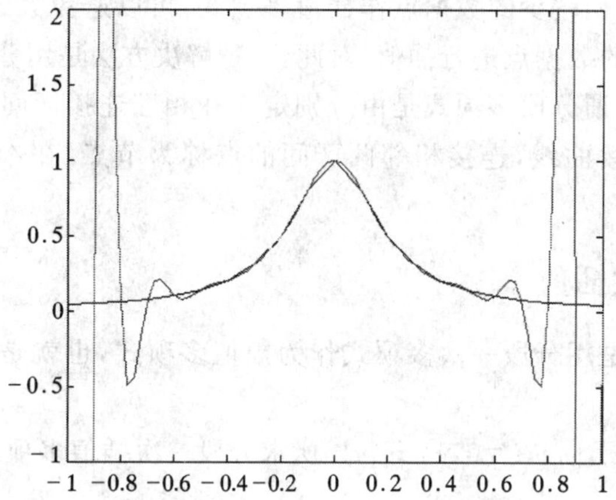

图 3.1 Runge 函数及插值多项式的图形

通过计算可以知道 Runge 函数 $y(0.975)\approx 0.0421$，又从表 3.1 中可以查到，$L_{20}(0.975)\approx -59.7819$，误差 $e=0.0421-(-59.7819)=59.8240$，注意 Runge 函数的最大值才 1，而误差竟近 60.

从上述的分析和例子，可知一般的插值多项式并非 n 越大越好，许多实际工作者经过大量的计算和统计、研究认为通常的插值公式以 $n\leqslant 6$ 为宜. 由于对被插函数的性态往往并不太了解，当 n 过大时容易出现类似 Runge 函数出现的插值多项式严重背离被插函数的情况. 因此，通常将插值多项式严重背离被插函数的情况称为 Runge 现象.

对于有大量节点的数据逼近的问题，解决方案大致有以下几种：

1）分段多项式插值——将大区间分成若干小段，每小段有较少的插值点，便可用低次多项式插值，低阶导数 $y^{(n)}$ 容易估计，并保证有界. 这个问题将在 3.2.2 节详细讨论.

2）其他插值方法，例如用其他基函数，如有理函数等进行插值；

3）最小二乘近似——对于数据点多，组成近似函数的基函数个数少，此时通常放弃插值要求，采用本章初给出的使误差 E_2 最小的逼近要求. 此方法将在 3.3

节做简单讨论.

4）其他逼近方法，例如正交多项式逼近，有理函数逼近，近年来被大量采用的小波逼近等.

3.2 分段插值

由 3.1 节所知，用较少的数据点作插值多项式，可以避免大的误差. 但有不少情况需要对比较多的数据点进行插值，对此，一种解决方法是用分段多项式代替单个多项式作插值. 所谓分段多项式是由分别定义在相互连接区间上的不同多项式连接而成的一条连续曲线，连接相邻两区间的点称为节点. 在本节中，总设 $x_0 \leqslant x_1 \leqslant \cdots \leqslant x_{n-1} \leqslant x_n$.

3.2.1 分段线性插值

分段线性插值是用分段一次多项式作为插值多项式，也就是说每一小段都是一条直线段.

设数据点为$\{(x_i, y_i), i=0,1,\cdots,n\}$，所求分段一次插值多项式为

$$\boldsymbol{G}(x) = \begin{cases} g_1(x), & x_0 \leqslant x \leqslant x_1 \\ g_2(x), & x_1 \leqslant x \leqslant x_2 \\ \vdots \\ g_n(x), & x_{n-1} \leqslant x \leqslant x_n \end{cases} \tag{3.15}$$

其中 $g_i(x)$定义在子区间$[x_{i-1}, x_i]$上，若用 Lagrange 形式一次插值多项式，便有

$$g_i(x) = \frac{x_i - x}{x_i - x_{i-1}} y_{i-1} + \frac{x - x_{i-1}}{x_i - x_{i-1}} y_i, x_{i-1} \leqslant x \leqslant x_i \tag{3.16}$$

若用 Newton 形式一次插值多项式，则是

$$g_i(x) = y_{i-1} + y[x_{i-1}, x_i](x - x_i), x_{i-1} \leqslant x \leqslant x_i \tag{3.17}$$

显然，由于 $g_i(x)$仅定义在子区间$[x_{i-1}, x_i]$上，因此当应用 $\boldsymbol{G}(x)$计算点 $\bar{x} \in (x_0, x_n)$处的值 $\boldsymbol{G}(\bar{x})$，则首先要判断 $\bar{x}$ 在哪个区间$[x_{i-1}, x_i]$中，然后再用对应的 $g_i(x)$计算 $g_i(\bar{x})$.

分段一次插值多项式 $\boldsymbol{G}(x)$的优点是简单，而且由于插值误差

$$\begin{aligned} E(g_i) = \max|y(x) - g_i(x)| &\leqslant \max_{x_{i-1} \leqslant x \leqslant x_i} \frac{1}{2}|y''(x)||(x - x_{i-1})(x - x_i)| \\ &\leqslant \max_{x_{i-1} \leqslant x \leqslant x_i} \frac{1}{8}|y''(x)|(x_i - x_{i-1})^2 \end{aligned} \tag{3.18}$$

因此，当每个小区间$[x_{i-1}, x_i]$的宽度较小时，插值误差较小.

另一方面，分段一次插值多项式 $\boldsymbol{G}(x)$ 的重要缺点是由于它是一条折线，在内节点处函数连续，但一般不可导. 从几何上看，此时节点是一个角的顶点，没有切线，就是说 $\boldsymbol{G}(x)$“不光滑”，用它来近似原函数显然一般不会令人满意.

3.2.2　分段三次多项式插值——样条插值

在 3.2.1 节得到的 $\boldsymbol{G}(x)$ 在节点处不光滑，但这个光滑性在许多情况下是非常重要的. 正因为如此，需要一个既分段插值，又比较光滑的分段插值多项式. 一个比较好的方法就是“分段三次多项式插值”，就是在每个子区间 $[x_{i-1}, x_i]$ 上是满足插值条件的三次多项式，这些多项式能光滑地连接起来. 这样的分段三次多项式称为“三次样条函数”.

“三次样条函数”之名来自于其物理意义. 因为早期绘图员画通过若干定点的光滑曲线时，用一种被称为“样条”的富有弹性的木条或塑料条作为模板. 从物理学上考察，当样条在要求的点处固定住时，使样条的势能最小，便具有最光滑的性质. 进一步的分析可以知道此时样条所确定的曲线方程是分段三次多项式，在每个子区间 $[x_{i-1}, x_i]$ 上都是三次多项式，而且在节点处二阶导数连续. 以下我们讨论如何确定分段三次多项式

$$\boldsymbol{S}(x)=\begin{cases} s_1(x), & x_0 \leqslant x \leqslant x_1 \\ s_2(x), & x_1 \leqslant x \leqslant x_2 \\ \vdots & \\ s_n(x), & x_{n-1} \leqslant x \leqslant x_n \end{cases} \tag{3,19}$$

它应该在节点处满足插值条件：

$$\boldsymbol{S}(x_i) = y(x_i) \quad i = 0,1,\cdots,n \tag{3.20}$$

在内节点处直到二阶导数连续

$$\begin{cases} s_i(x_i) = s_{i+1}(x_i) \\ s'_i(x_i) = s'_{i+1}(x_i) \\ s''_i(x_i) = s''_{i+1}(x_i) \end{cases} \quad i = 1,2,\cdots,n-1 \tag{3.21}$$

为求三次样条函数，自然会想如何根据相应的条件求在子区间 $[x_{i-1}, x_i]$ 的三次多项式

$$s_i(x)=a_i x^3+b_i x^2+c_i x+d_i$$

但这将要求解含有 $4n$ 个未知量的方程组，其存储量和计算量都极大，与在 3.1.1节避免用解线性方程组求插值多项式一样，可以采用其他方法求样条函数.

基本思路：由于 $\boldsymbol{S}(x)$ 为分段三次多项式，$\boldsymbol{S}''(x)$ 连续（预设 $\boldsymbol{S}''(x_i)=M_i$），$s''_i(x)$ 为一次多项式，将 $s''_i(x)$ 积分 2 次，得 $s_i(x)$——含积分常数（2 个），由插值条件确定（2 个）积分常数 ，确定 $s_i(x)$（含未定的 M_i），又由 $S'(x)$ 连续：$s'_i(x_i-)=s'_{i+1}(x_i$

十),可形成确定 M_i 的 $n-1$ 个方程,加上 2 个边界条件,确定 M_i,代入 $s_i(x)$ 的表达式便形成 $\boldsymbol{S}(\boldsymbol{x})$.

以下介绍确定 $\boldsymbol{S}(\boldsymbol{x})$ 的具体方法.

(1) 由于 $\boldsymbol{S}(x)$ 为分段三次多项式,$\boldsymbol{S}''(x)$ 连续,$s''_i(x)$ 为一次多项式,预设 $S''(x_i)=M_i$,故

$$s''_i(x)=\frac{x_i-x}{h_i}M_{i-1}+\frac{x-x_{i-1}}{h_i}M_i,x_{i-1}\leqslant x\leqslant x_i \quad i=1,2,\cdots,n \tag{3.22}$$

(2) 将 $s''_i(x)$ 积分 2 次,得:

$$s_i(x)=M_{i-1}\frac{(x_i-x)^3}{6h_i}+M_i\frac{(x-x_{i-1})^3}{6h_i}+\varphi(x) \tag{3.23}$$

其中

$$\varphi(x)=c_1\frac{x_i-x}{h_i}+c_2\frac{x-x_{i-1}}{h_i} \tag{3.24}$$

又由插值条件 $s_i(x_{i-1})=y_{i-1},s_i(x_i)=y_i$,得

$$\begin{aligned}s_i(x)=&M_{i-1}\frac{(x_i-x)^3}{6h_i}+M_i\frac{(x-x_{i-1})^3}{6h_i}+(y_{i-1}-M_{i-1}\frac{h_i^2}{6})\frac{(x_i-x)}{h_I}\\&+(y_i-M_i\frac{h_i^2}{6})\frac{(x-x_{i-1})}{h_i},\forall x\in[x_{i-1},x_i] \quad i=1,2,\cdots,n\end{aligned} \tag{3.25}$$

(3) 对(3.25)式求导,得

$$s'_i(x)=-M_{i-1}\frac{(x_i-x)^2}{2h_i}+M_i\frac{(x-x_{i-1})^2}{2h_i}+\frac{y_i-y_{i-1}}{h_i}-\frac{M_i-M_{i-1}}{6}h_i \tag{3.26}$$

对于样条插值的内节点 $x_i(i=1,2,\cdots,n-1)$,由于要求一阶导数连续,要用到与 x_i 相邻的另一子区间上的三次多项式的导函数

$$s'_{i+1}(x)=-M_i\frac{(x_{i+1}-x)^2}{2h_{i+1}}+M_{i+1}\frac{(x-x_i)^2}{2h_{i+1}}+\frac{y_{i+1}-y_i}{h_{i+1}}-\frac{M_{i+1}-M_i}{6}h_{i+1}$$

根据一阶导数连续:$s'_i(x_i-)=s'_{i+1}(x_i+)$,由

$$s'_i(x_i-)=\frac{h_i}{6}M_{i-1}+\frac{h_i}{3}M_i+y[x_{i-1},x_i]$$

$$s'_{i+1}(x_i+)=-\frac{h_{i+1}}{3}M_i-\frac{h_{i+1}}{6}M_{i+1}+y[x_i,x_{i+1}]$$

得

$$\frac{h_i}{6}M_{i-1}+\frac{h_i+h_{i+1}}{3}M_i+\frac{h_{i+1}}{6}M_{i+1}=y[x_i,x_{i+1}]-y[x_{i-1},x_i]$$

由差商定义

$$y[x_{i-1},x_i,x_{i+1}]=\frac{y[x_i,x_{i+1}]-y[x_{i-1},x_i]}{h_i+h_{i+1}}$$

记 $\mu_i=\frac{h_i}{h_i+h_{i+1}}$，$\lambda_i=1-\mu_i=\frac{h_{i+1}}{h_i+h_{i+1}}$，对于 $i=1,2,\cdots,n-1$，共形成 $n-1$ 个方程

$$\mu_i M_{i-1}+2M_i+\lambda_i M_{i+1}=6y[x_{i-1},x_i,x_{i+1}],i=1,2,\cdots,n-1 \tag{3.27}$$

(4)边界条件：按(3.25)构造分段三次多项式 $s_i(x)(i=1,2,\cdots,n)$，要确定 $n+1$ 个参数：$M_0,M_1,\cdots,M_n$. 但确定这 $n+1$ 个参数的(3.27)方程仅有 $n-1$ 个，尚缺 2 个方程，这就需要求助于相应的边界条件：

a) $S''(x_0)=S''(x_n)=0$，即 $M_0=M_n=0$. 满足这个条件的三次样条称为“自然三次样条”，因为在物理意义上，$S''(x_0)=S''(x_n)=0$ 反映了在 x_0,x_n 点的曲率为 0 (或曲率半径为∞)，相当于在点 (x_0,y_0)，(x_n,y_n) 处放置的支座为“简支”，“样条”在这两点可以按“自然”方式放置在该支座上. 在通过所有数据点的三次样条插值函数中，这是总曲率最小的唯一函数，也是最光滑的插值函数.

此时只需求其他 $n-1$ 个系数，由(3.27)形成的 $n-1$ 个方程就可以确定.

b) 给定 y_0',y_n'(刚支)：

在物理意义上，给定 y_0',y_n' 意味着在点 $(x_0,y_0)(x_n,y_n)$ 处放置的支座为“刚支”，“样条”在这两点可以按确定的斜率固定在该支座上.

令 $s_1'(x_0+)=y_0'$，$s_n'(x_n-)=y_n'$，由 $s'(x)$ 表达式(3.26)有

$$-\frac{h_1}{3}M_0-\frac{h_1}{6}M_1+y[x_0,x_1]=y_0'$$

即

$$2M_0+M_1=\frac{6}{h_1}(y[x_0,x_1]-y_0')=6y[x_0,x_0,x_1]$$

及

$$\frac{h_n}{6}M_{n-1}+\frac{h_n}{3}M_n+y[x_{n-1},x_n]=y_n'$$

即

$$M_{n-1}+2M_n=\frac{6}{h_n}(-y[x_{n-1},x_n]+y_n')=6y[x_{n-1},x_n,x_n]$$

从而形成分别关于 M_0,M_1 和 M_{n-1},M_n 的 2 个新的方程

$$2M_0+M_1=6y[x_0,x_0,x_1] \tag{3.28}$$

$$M_{n-1}+2M_n=6y[x_{n-1},x_n,x_n] \tag{3.29}$$

将它们与(3.27)的 $n-1$ 个方程组成由 $n+1$ 个方程形成形式方程组，确定 $n+1$ 个系数 $M_0,M_1,\cdots,M_n$，完成(3.25)确定的三次样条函数.

c) 无其他导数条件

此时只能由 x_0,x_1,x_2,x_3 四节点确定(三次)插值多项式 $C_0(x)$，由 x_{n-3}，x_{n-2},x_{n-1},x_n 四节点确定(三次)插值多项式 $C_n(x)$. 由于 $C_0(x)$ 的 x^3 的系数是

$y[x_0,x_1,x_2,x_3]$，$C_n(x)$的 x^3 的系数是 $y[x_{n-3},x_{n-2},x_{n-1},x_n]$，可令

$$S'''(x_0)=C_0'''(x_0)=6y[x_0,x_1,x_2,x_3]$$

$$S'''(x_n)=C_n'''(x_n)=6y[x_{n-3},x_{n-2},x_{n-1},x_n]$$

又由于原始的设定(3.22)：

$$s_i''(x)=\frac{x_i-x}{h_i}M_{i-1}+\frac{x-x_{i-1}}{h_i}M_i,\ x_{i-1}\leqslant x\leqslant x_i$$

可知

$$s_1'''(x_0)=\frac{1}{h_1}(-M_0+M_1),\ s_n'''(x_n)=\frac{1}{h_n}(-M_{n-1}+M_n)$$

形成方程：

$$2M_0-2M_1=-12h_1y[x_0,x_1,x_2,x_3] \tag{3.30}$$

$$-2M_{n-1}+2M_n=12h_ny[x_{n-3},x_{n-2},x_{n-1},x_n] \tag{3.31}$$

综上，总可形成如下形式的$(n+1)$元方程组

$$\begin{pmatrix} 2 & \lambda_0 & & & \\ \mu_1 & 2 & \lambda_1 & & \\ & \ddots & \ddots & \ddots & \\ & & \mu_{n-1} & 2 & \lambda_{n-1} \\ & & & \mu_n & 2 \end{pmatrix}\begin{pmatrix} M_0 \\ M_1 \\ \vdots \\ M_{n-1} \\ M_n \end{pmatrix}=\begin{pmatrix} d_0 \\ d_1 \\ \vdots \\ d_{n-1} \\ d_n \end{pmatrix} \tag{3.32}$$

d) 周期样条

若 $y(x)$是周期为$[x_0,x_n]$的周期函数. 从周期性可知，此时 x_0 与 x_n 扮演了相同的角色. 因此，此时可认为 $h_0=h_n$，$y_0=y_n$，$M_0=M_n$. 在方程

$$\mu_1M_0+2M_1+\lambda_1M_2=6y[x_0,x_1,x_2]$$

及

$$\mu_nM_{n-1}+2M_n+\lambda_nM_{n+1}=6y[x_{n-1},x_n,x_{n+1}]$$

中根据周期性，对下标可做适当调整：$0\Leftrightarrow n$，$1\Leftrightarrow n+1$，就形成

$$\begin{pmatrix} 2 & \lambda_1 & & & \mu_1 \\ \mu_2 & 2 & \lambda_2 & & \\ & \ddots & \ddots & \ddots & \\ & & \mu_{n-1} & 2 & \lambda_{n-1} \\ \lambda_n & & & \mu_n & 2 \end{pmatrix}\begin{pmatrix} M_1 \\ M_2 \\ \vdots \\ M_{n-1} \\ M_n \end{pmatrix}=\begin{pmatrix} d_1 \\ d_2 \\ \vdots \\ d_{n-1} \\ d_n \end{pmatrix} \tag{3.33}$$

其中：$\mu_n=\dfrac{h_n}{h_n+h_1}$，$\lambda_n=1-\mu_n$，$d_n=\dfrac{6}{h_n+h_1}(y[x_0,x_1]-y[x_{n-1},x_n])$.

注：a)，b)，d)三种情况下线性方程组(3.32)(3.33)均为严格对角占优矩阵，

而 c)产生了“不可约对角占优矩阵”(我们在此不再对此进一步讨论)，它与严格对角占优矩阵有几乎相同的性质.

定理 3.2　设 $y(x)\in C^2[a,b]$，则以 $a\leqslant x_0<x_1<\cdots<x_{n-1}<x_n\leqslant b$ 为节点的三次样条 $\boldsymbol{S}(x)$ 满足

$$|y(x)-\boldsymbol{S}(x)|\leqslant\frac{\boldsymbol{M}_2}{2}\Delta^2$$

其中 $\boldsymbol{M}_2=\max\limits_{x\in[a,b]}|y''(x)|$ ，$\Delta=\max\limits_{i=1,2,\cdots,n}h_i=\max\limits_{i=1,2,\cdots,n}|x_i-x_{i-1}|$.

证明　记 $\boldsymbol{R}(x)=y(x)-\boldsymbol{S}(x)$. 先在单个的区间 $[x_{i-1},x_i]$ 中考虑. 记

$$\omega(x)=(x-x_{i-1})(x-x_i)$$

取 $\tilde{x}\in[x_{i-1},x_i]$，令

$$\boldsymbol{H}(t)=\boldsymbol{R}(\tilde{x})\omega(t)-\boldsymbol{R}(t)\omega(\tilde{x}),$$

则 $\boldsymbol{H}(x_{i-1})=\boldsymbol{H}(x_i)=\boldsymbol{H}(\tilde{x})=0$；由 Rolle 定理，存在 $\tau\in[x_{i-1},x_i]$ 使 $\boldsymbol{H}''(\tau)=0$. 注意到

$$\boldsymbol{H}''(t)=\boldsymbol{R}(\tilde{x})\omega''(t)-\boldsymbol{R}''(t)\omega(\tilde{x})=2\boldsymbol{R}(\tilde{x})-(y''(t)-s''_i(t))\omega(\tilde{x})$$

因此，由 $\boldsymbol{H}''(\tau)=0$ 可知：$\boldsymbol{R}(\tilde{x})=\frac{1}{2}(y''(\tau)-s''_i(\tau))\omega(\tilde{x})$. 又由 $|\omega(\tilde{x})|\leqslant\frac{1}{4}h_i^2$，所以

$$|\boldsymbol{R}(\tilde{x})|=|y(\tilde{x})-\boldsymbol{S}(\tilde{x})|\leqslant\frac{1}{8}h_i^2(|y''(\tau)|+|s''_i(\tau)|)\qquad(3.34)$$

由(3.22)

$$s''_i(x)=\frac{x_i-x}{h_i}M_{i-1}+\frac{x-x_{i-1}}{h_i}M_i,\ x_{i-1}\leqslant x\leqslant x_i$$

是直线方程，所以

$$|s''_i(\tau)|\leqslant\max(|M_{i-1}|,|M_i|),\ \forall\tau\in[x_{i-1},x_i]$$

对于整个三次样条就有

$$|\boldsymbol{S}''(\tau)|\leqslant\max_{i=0,1,\cdots,n}\{|M_i|\}=|M_{i_0}|,\ \forall\tau\in[a,b]$$

又由(3.27)

$$\mu_{i_0}M_{i_0-1}+2M_{i_0}+\lambda_{i_0}M_{i_0+1}=6y[x_{i_0-1},x_{i_0},x_{i_0+1}]$$

可得

$$\begin{aligned}2|M_{i_0}|&\leqslant6|y[x_{i_0-1},x_{i_0},x_{i_0+1}]|+\mu_{i_0}|M_{i_0-1}|+\lambda_{i_0}|M_{i_0+1}|\\&\leqslant6|y[x_{i_0-1},x_{i_0},x_{i_0+1}]|+|M_{i_0}|\end{aligned}$$

所以

$$|M_{i_0}|\leqslant6|y[x_{i_0-1},x_{i_0},x_{i_0+1}]|=3|y''(\xi)|,\ x_{i_0-1}\leqslant\xi\leqslant x_{i_0+1}$$

由此便得

$$|\boldsymbol{S}''(x)|\leqslant 3|y''(\xi)|\leqslant 3\boldsymbol{M}_2$$

最后，根据(3.34)由 $\tilde{x}$ 的任意性，有

$$|y(x)-\boldsymbol{S}(x)|\leqslant\frac{1}{2}\boldsymbol{M}_2\Delta^2$$ 证毕

注意：此处用到

$$\mu_{i_0}M_{i_0-1}+2M_{i_0}+\lambda_{i_0}M_{i_0+1}=6y[x_{i_0-1},x_{i_0},x_{i_0+1}]$$

隐含 i_0 是内点标号！若 $i_0=0$($i_0=n$ 情况是相同的)，对于

边界条件 a)此情况不存在；

边界条件 b)此时，$2M_0+M_1=6y[x_0,x_0,x_1]$与前证明完全一样；

边界条件 d)此时 x_0,x_n 扮演相同的角色，也都是内点，不存在问题.

3.3 最小二乘近似

3.3.1 (线性)最小二乘问题的法方程

在本章的序言中提到，对于已知数据点：$\{(x_i,y_i),i=1,2,\cdots,m\}$，求近似式 $p(x)=\sum_{k=1}^{n}\alpha_k g_k(x)$，使函数 $y(x)$与 $p(x)$按以下标准取得极小

$$\min_{\alpha}\boldsymbol{E}_2=\min_{\alpha}\|\boldsymbol{P}-\boldsymbol{y}\|_2=\min_{\alpha}\left\{\sum_{i=1}^{m}(p(x_i)-y_i)^2\right\}^{\frac{1}{2}} \tag{3.35}$$

当 $n\leqslant m$ 时，该问题称为最小二乘问题，问题的解称为近似式 $p(x)=\sum_{k=1}^{n}\alpha_k g_k(x)$关于已知数据点$\{(x_i,y_i),i=1,2,\cdots,m\}$的最小二乘解.

通过对以 $\alpha_k(k=1,2,\cdots,n)$为参数，以 $\boldsymbol{E}_2$ 为极小化目标函数的计算，可以证明该最小二乘问题的解就是方程组

$$\boldsymbol{G}^{\mathrm{T}}\boldsymbol{G}\boldsymbol{a}=\boldsymbol{G}^{\mathrm{T}}\boldsymbol{y} \tag{3.36}$$

的解，此方程组称为最小二乘问题的法方程组，其中

$$\boldsymbol{G}=\begin{pmatrix} g_1(x_1) & g_2(x_1) & \cdots & g_n(x_1)\\ g_1(x_2) & g_2(x_2) & \cdots & g_n(x_2)\\ \vdots & \vdots & & \vdots\\ g_1(x_m) & g_2(x_m) & \cdots & g_n(x_m)\end{pmatrix},\boldsymbol{a}=\begin{pmatrix}\alpha_1\\ \alpha_2\\ \vdots\\ \alpha_n\end{pmatrix},\boldsymbol{y}=\begin{pmatrix}y_1\\ y_2\\ \vdots\\ y_m\end{pmatrix}, \tag{3.37}$$

对此也可以从另一个角度作一简单的解释. 作向量差

$$\boldsymbol{P}-\boldsymbol{y}=\boldsymbol{G}\boldsymbol{a}-\boldsymbol{y}=\begin{pmatrix} g_1(x_1) & g_2(x_1) & \cdots & g_n(x_1)\\ g_1(x_2) & g_2(x_2) & \cdots & g_n(x_2)\\ \vdots & \vdots & & \vdots\\ g_1(x_m) & g_2(x_m) & \cdots & g_n(x_m)\end{pmatrix}\begin{pmatrix}\alpha_1\\ \alpha_2\\ \vdots\\ \alpha_n\end{pmatrix}-\begin{pmatrix}y_1\\ y_2\\ \vdots\\ y_m\end{pmatrix}$$

对于期望的 $\|\boldsymbol{P}-\boldsymbol{y}\|_2$ 最小值，当然最优是 $\|\boldsymbol{P}-\boldsymbol{y}\|_2=0$，也就是 $\boldsymbol{P}-\boldsymbol{y}=\boldsymbol{0}$；由方

程组理论可知，当方程组的方程个数大于未知量个数时(通常称为超定方程组，或矛盾方程组)，该方程组一般无解. 因此当 $n<m$ 时，方程组 $\boldsymbol{P}-\boldsymbol{y}=\boldsymbol{G}\boldsymbol{a}-\boldsymbol{y}=\boldsymbol{0}$ 一般无解. 但若将此方程组左乘 $\boldsymbol{G}^{\mathrm{T}}$，则方程组变成通常的 n 阶方程组(3.36)，从而可以求解，这个 n 阶方程组就是法方程 $\boldsymbol{G}^{\mathrm{T}}\boldsymbol{G}\boldsymbol{a}=\boldsymbol{G}^{\mathrm{T}}\boldsymbol{y}$.

定理 3.3　最小二乘问题(3.35)与法方程(3.36)等价.

证明　注意到 $\boldsymbol{E}_2=\|\boldsymbol{P}-\boldsymbol{y}\|_2=\left\{\sum\limits_{i=1}^{m}(p(x_i)-y_i)^2\right\}^{\frac{1}{2}}$ 关于 $\alpha_k(k=1,2,\cdots,n)$ 的极小与 $\boldsymbol{E}_2^2=\|\boldsymbol{P}-\boldsymbol{y}\|_2^2=\sum\limits_{i=1}^{m}(p(x_i)-y_i)^2$ 对应极小是完全一样的. 因此最小二乘问题的解应满足方程：

$$\frac{\partial \boldsymbol{E}_2^2}{\partial \alpha_k}=\frac{\partial}{\partial \alpha_k}\|\boldsymbol{P}-\boldsymbol{y}\|_2^2=\frac{\partial}{\partial \alpha_k}\left[\sum_{i=1}^{m}(p(x_i)-y_i)^2\right]=0\quad k=1,2,\cdots,n$$

由导数规则，有

$$\begin{aligned}\frac{\partial E_2^2}{\partial \alpha_k}&=\sum_{i=1}^{m}\left[2\left(\sum_{j=1}^{n}\alpha_j g_j(x_i)-y_i\right)g_k(x_i)\right]\\&=2\sum_{i=1}^{m}\left[\sum_{j=1}^{n}\alpha_j g_j(x_i)g_k(x_i)-y_i g_k(x_i)\right]=0\end{aligned}$$

交换求和顺序，便形成方程组

$$\sum_{j=1}^{n}\alpha_j\left(\sum_{i=1}^{m}g_k(x_i)g_j(x_i)\right)=\sum_{i=1}^{m}g_k(x_i)y_i\qquad k=1,2,\cdots,n$$

与法方程 $\boldsymbol{G}^{\mathrm{T}}\boldsymbol{G}\boldsymbol{a}=\boldsymbol{G}^{\mathrm{T}}\boldsymbol{y}$ 比较，可知它就是法方程的具体表达式：

$$\begin{pmatrix}\sum g_1(x_i)g_1(x_i) & \sum g_1(x_i)g_2(x_i) & \cdots & \sum g_1(x_i)g_n(x_i)\\ \sum g_2(x_i)g_1(x_i) & \sum g_2(x_i)g_2(x_i) & \cdots & \sum g_2(x_i)g_n(x_i)\\ \vdots & \vdots & & \vdots\\ \sum g_n(x_i)g_1(x_i) & \sum g_n(x_i)g_2(x_i) & \cdots & \sum g_n(x_i)g_n(x_i)\end{pmatrix}\begin{pmatrix}\alpha_1\\ \alpha_1\\ \vdots\\ \alpha_n\end{pmatrix}\begin{pmatrix}\sum g_1(x_i)y_i\\ \sum g_2(x_i)y_i\\ \vdots\\ \sum g_n(x_i)y_i\end{pmatrix}$$

由此证明了法方程 $\boldsymbol{G}^{\mathrm{T}}\boldsymbol{G}\boldsymbol{a}=\boldsymbol{G}^{\mathrm{T}}\boldsymbol{y}$ 与最小二乘问题(3.35)等价.　证毕

3.3.2　正交化算法

可以证明法方程 $\boldsymbol{G}^{\mathrm{T}}\boldsymbol{G}\boldsymbol{a}=\boldsymbol{G}^{\mathrm{T}}\boldsymbol{y}$ 总有解；而当矩阵 $\boldsymbol{G}$ 的秩为 n 时，则 $\boldsymbol{G}^{\mathrm{T}}\boldsymbol{G}$ 为非奇矩阵，因而法方程 $\boldsymbol{G}^{\mathrm{T}}\boldsymbol{G}\boldsymbol{a}=\boldsymbol{G}^{\mathrm{T}}\boldsymbol{y}$ 有唯一解

$$\boldsymbol{a}=(\boldsymbol{G}^{\mathrm{T}}\boldsymbol{G})^{-1}\boldsymbol{G}^{\mathrm{T}}\boldsymbol{y}\tag{3.38}$$

直接解法方程(3.36)求最小二乘问题(3.35)的解有两个主要缺点，一是生成矩阵 $\boldsymbol{G}^{\mathrm{T}}\boldsymbol{G}$ 约需要 $\frac{mn^2}{2}$ 个浮点运算，而解(3.36)则需要约 $\frac{n^2}{6}$ 个浮点运算(因为 $\boldsymbol{G}^{\mathrm{T}}\boldsymbol{G}$ 是对称矩阵)；二是一般矩阵 $\boldsymbol{G}$ 的条件数比较大，且可以证明 $\mathrm{Cond}(\boldsymbol{G}^{\mathrm{T}}\boldsymbol{G})=[\mathrm{Cond}$

$(\boldsymbol{G})]^2$,因此法方程组(3.36)基本上都是病态的.对于它的求解即使用Gauss主元消去法也往往也得不到令人满意的结果,因此应考虑避免直接解法方程组,而用更可靠的方法.解最小二乘问题的一个较好的方法是正交化算法,也是解通常的线性方程组(及超定方程组等)的一个稳定性很好的方法.

定义 3.1 若矩阵 $\boldsymbol{Q}\in\mathbf{R}^{n\times n}$ 满足条件 $\boldsymbol{Q}^{\mathrm{T}}\boldsymbol{Q}=\boldsymbol{I}$,即矩阵 $\boldsymbol{Q}$ 的逆矩阵就是它的转置矩阵,则称此矩阵为正交矩阵.

从矩阵乘法规则容易看到,正交矩阵的列是互相正交的,而且它的各列的2-范数为1,也就是"单位长度",从这个意义上正交矩阵的列构成了一个 n 维空间的"标准正交坐标系"(2维或3维正交坐标系在 n 维空间中的推广).这也是它被称为正交矩阵的原因.

正交矩阵性质1:正交矩阵的乘积仍是正交矩阵.

设 $\boldsymbol{Q}_1,\boldsymbol{Q}_2$ 是正交矩阵,则 $(\boldsymbol{Q}_1\boldsymbol{Q}_2)^{\mathrm{T}}(\boldsymbol{Q}_1\boldsymbol{Q}_2)=\boldsymbol{Q}_2{}^{\mathrm{T}}\boldsymbol{Q}_1{}^{\mathrm{T}}\boldsymbol{Q}_1\boldsymbol{Q}_2=\boldsymbol{I}$;

正交矩阵性质2:$\|\boldsymbol{Qx}\|_2=\|\boldsymbol{x}\|_2$

$\|\boldsymbol{Qx}\|_2=\sqrt{(\boldsymbol{Qx})^{\mathrm{T}}(\boldsymbol{Qx})}=\sqrt{\boldsymbol{x}^{\mathrm{T}}\boldsymbol{Q}^{\mathrm{T}}\boldsymbol{Qx}}=\sqrt{\boldsymbol{x}^{\mathrm{T}}\boldsymbol{x}}=\|\boldsymbol{x}\|_2$.

这说明:正交矩阵表示的正交变换不改变在2-范数意义下向量的长度(比较:在二、三维空间中的正交变换就是旋转变换,不改变向量的长度).

引理 3.4 对任意非零向量 $\boldsymbol{v}\in\mathbf{R}^n$,总存在正交矩阵 $\boldsymbol{Q}\in L(\mathbf{R}^n)$,使 $\boldsymbol{Qv}=\sigma\boldsymbol{e}_1$,其中 $|\sigma|=\|\boldsymbol{v}\|_2$,$\boldsymbol{e}_1=(1,0,\cdots,0)^{\mathrm{T}}$;

证明 首先,对任意向量 $\boldsymbol{u}$,若 $\|\boldsymbol{u}\|_2=1$,容易验证矩阵 $\boldsymbol{Q}=\boldsymbol{I}-2\boldsymbol{uu}^{\mathrm{T}}$ 为正交矩阵. 因此,应取适当的 $\boldsymbol{u}$,使

$$\boldsymbol{Qv}=(\boldsymbol{I}-2\boldsymbol{uu}^{\mathrm{T}})\boldsymbol{v}=\boldsymbol{v}-2\boldsymbol{uu}^{\mathrm{T}}\boldsymbol{v}=\sigma\boldsymbol{e}_1,$$

据此

$$\boldsymbol{u}=\frac{1}{2\boldsymbol{u}^{\mathrm{T}}\boldsymbol{v}}(\boldsymbol{v}-\sigma\boldsymbol{e}_1);$$

注意,向量是由其方向和长度唯一确定的,而向量 $\boldsymbol{u}$ 的方向是 $(\boldsymbol{v}-\sigma\boldsymbol{e}_1)$,其长度要求是单位向量:$\|\boldsymbol{u}\|_2=1$,因此取

$$\boldsymbol{u}=\frac{\boldsymbol{v}-\sigma\boldsymbol{e}_1}{\|\boldsymbol{v}-\sigma\boldsymbol{e}_1\|_2} \tag{3.39}$$

便可满足要求.以下对如此选取的 $\boldsymbol{u}$ 进行验证,由

$$\boldsymbol{Qv}=(\boldsymbol{I}-2\boldsymbol{uu}^{\mathrm{T}})\boldsymbol{v}=\boldsymbol{v}-(\boldsymbol{v}-\sigma\boldsymbol{e}_1)\frac{2(\boldsymbol{v}-\sigma\boldsymbol{e}_1)^{\mathrm{T}}\boldsymbol{v}}{\|\boldsymbol{v}-\sigma\boldsymbol{e}_1\|_2^2}$$

而

$$\|\boldsymbol{v}-\sigma\boldsymbol{e}_1\|_2^2=(\boldsymbol{v}-\sigma\boldsymbol{e}_1)^{\mathrm{T}}(\boldsymbol{v}-\sigma\boldsymbol{e}_1)=\boldsymbol{v}^{\mathrm{T}}\boldsymbol{v}-\sigma\boldsymbol{v}^{\mathrm{T}}\boldsymbol{e}_1-\sigma\boldsymbol{e}_1^{\mathrm{T}}\boldsymbol{v}+\sigma^2\boldsymbol{e}_1^{\mathrm{T}}\boldsymbol{e}_1$$

注意到

$$v^{T}e_1=e_1^{T}v,\ \sigma^2=\|v\|_2^2=v^{T}v,\ e_1^{T}e_1=1$$

因此

$$\|v-\sigma e_1\|_2^2=2(v^{T}v-\sigma e_1^{T}v)=2(v-\sigma e_1)^{T}v$$

这就说明了

$$Qv=(I-2uu^{T})v=v-(v-\sigma e_1)=v$$

证毕

引理 3.4 是正交化算法的基础. 引理定义的正交矩阵 $Q=I-2uu^{T}$ 被称为 Household 矩阵,所表示的线性变换称为 Household 变换;由于其几何意义:以向量 u 作为一面镜子,可以将向量 v 变换、或反射到第一个坐标轴上的向量,因而这一也被称为“镜像变换”.

算法:

记矩阵 $G=\begin{pmatrix} g_{11} & g_{12} & \cdots & g_{1n} \\ g_{21} & g_{22} & \cdots & g_{2n} \\ \vdots & \vdots & & \vdots \\ g_{m1} & g_{m2} & \cdots & g_{mn} \end{pmatrix}$,针对矩阵 G 的第一列 $\begin{pmatrix} g_{11} \\ g_{21} \\ \vdots \\ g_{m1} \end{pmatrix}$,构造 m 阶正交矩阵 Q_1,使 $Q_1\begin{pmatrix} g_{11} \\ g_{21} \\ \vdots \\ g_{mi} \end{pmatrix}=\begin{pmatrix} \sigma_1 \\ 0 \\ \vdots \\ 0 \end{pmatrix}$,从而有

$$Q_1G=\begin{pmatrix} \sigma_1 & g_{12} & \cdots & g_{1n} \\ 0 & g_{22}^{(1)} & \cdots & g_{2n}^{(1)} \\ \vdots & \vdots & & \vdots \\ 0 & g_{m2}^{(1)} & \cdots & g_{mn}^{(1)} \end{pmatrix}$$

然后针对矩阵 Q_1G 的第二列的后 $m-1$ 个元素构造 $m-1$ 阶正交矩阵 $\widetilde{Q}_2$,使之成为 $m-1$ 维空间的第一坐标方向向量:$\widetilde{Q}_2(g_{22}^{(1)},g_{32}^{(1)},\cdots\cdots,g_{m2}^{(1)})^{T}=\sigma_2\tilde{e}_1$,再将 $\widetilde{Q}_2$ 扩充为 m 阶正交矩阵 $Q_2=\begin{pmatrix} 1 & \\ & \widetilde{Q}_2 \end{pmatrix}$,以此左乘 Q_1G,就有

$$Q_2Q_1G=\begin{pmatrix} 1 & \\ & \widetilde{Q}_2 \end{pmatrix}Q_1G=\begin{pmatrix} \sigma_1 & g_{12} & g_{13} & \cdots & g_{1n} \\ 0 & \sigma_2 & g_{23}^{(1)} & \cdots & g_{2n}^{(1)} \\ 0 & 0 & g_{33}^{(2)} & \cdots & g_{3n}^{(2)} \\ \vdots & \vdots & \vdots & & \vdots \\ 0 & 0 & g_{m3}^{(2)} & \cdots & g_{mn}^{(2)} \end{pmatrix}$$

照此办理,经过 n 步如此的正交化过程,就有

$$Q_n\cdots Q_2Q_1\boldsymbol{G}=\boldsymbol{QG}=\begin{pmatrix}\sigma_1 & g_{12} & \cdots & g_{1n}\\ 0 & \sigma_2 & \cdots & \vdots\\ \vdots & 0 & \cdots & g_{n-1n}^{(n-1)}\\ \vdots & \vdots & & \sigma_n\\ 0 & 0 & \cdots & 0\\ \vdots & \vdots & & \vdots\\ 0 & 0 & \cdots & 0\end{pmatrix}=\begin{pmatrix}\boldsymbol{R}\\ \boldsymbol{0}\end{pmatrix}$$

注意到正交矩阵的乘积仍是正交矩阵.由此,法方程可化为:

$$\boldsymbol{G}^{\mathrm{T}}\boldsymbol{Ga}=\boldsymbol{G}^{\mathrm{T}}\boldsymbol{Q}^{\mathrm{T}}\boldsymbol{QGa}=(\boldsymbol{QG})^{\mathrm{T}}\ (\boldsymbol{QG})\boldsymbol{a}=(\boldsymbol{R}^{\mathrm{T}}\boldsymbol{0}^{\mathrm{T}})\begin{pmatrix}\boldsymbol{R}\\ \boldsymbol{0}\end{pmatrix}\boldsymbol{a}$$

$$=\boldsymbol{G}^{\mathrm{T}}\boldsymbol{Y}=(\boldsymbol{QG})^{\mathrm{T}}\boldsymbol{QY}=(\boldsymbol{R}^{\mathrm{T}}\boldsymbol{0}^{\mathrm{T}})\boldsymbol{QY}$$

当 $\boldsymbol{G}$ 的秩为 n,即 $\boldsymbol{G}$ 的 n 个列向量线性无关时,$\sigma_k(k=1,2,\cdots,n)$全不为 0,对角矩阵 $\boldsymbol{R}$ 满秩,它必有逆矩阵.因此,由

$$(\boldsymbol{R}^{\mathrm{T}}\boldsymbol{0}^{\mathrm{T}})\begin{pmatrix}\boldsymbol{R}\\ \boldsymbol{0}\end{pmatrix}\boldsymbol{a}=\boldsymbol{R}^{\mathrm{T}}\boldsymbol{Ra}=(\boldsymbol{R}^{\mathrm{T}}\boldsymbol{0}^{\mathrm{T}})\boldsymbol{Qy}=\boldsymbol{R}^{\mathrm{T}}\boldsymbol{h}_1$$

其中 $\boldsymbol{Qy}=\begin{pmatrix}\boldsymbol{h}_1\\ \boldsymbol{h}_2\end{pmatrix}$,$\boldsymbol{h}_1\in\mathbf{R}^n$,$\boldsymbol{h}_2\in\mathbf{R}^{m-n}$,两边左乘$(\boldsymbol{R}^{\mathrm{T}})^{-1}$,得

$$\boldsymbol{Ra}=\boldsymbol{h}_1$$

解此方程组,便可得所求的 $\boldsymbol{a}$;同时,根据正交矩阵的性质,有

$$\boldsymbol{E}_2=\|\boldsymbol{P}-\boldsymbol{y}\|_2=\|\boldsymbol{Ga}-\boldsymbol{y}\|_2=\|\boldsymbol{Q}(\boldsymbol{Ga}-\boldsymbol{y})\|_2=\left\|\begin{pmatrix}\boldsymbol{R}\\ \boldsymbol{0}\end{pmatrix}a-\begin{pmatrix}\boldsymbol{h}_1\\ \boldsymbol{h}_2\end{pmatrix}\right\|_2=\|\boldsymbol{h}_2\|_2$$

此 $\boldsymbol{E}_2$ 称为最小二乘问题的误差.

小　结

本章重点讨论了插值问题和最小二乘问题.

插值是要求构造的函数在若干点上与给定函数的值相同,这里要求的可能不仅仅是函数值的相同,也可能是导数值相同.

对于插值多项式问题:给定 $n+1$ 个条件,唯一地确定了一个不超过 n 次的多项式,从而也唯一地确定了该插值多项式的余项.但注意,多项式的唯一性并不是形式的唯一,形式可以有多种,本书介绍了 Lagrange 形式和 Newton 形式的插值多项式,也介绍了余项的两个形式,这些形式将在后续的几章中得到不同的应用.在实际应用中,如果事先不知道函数高阶导数的性质,插值节点数一般不宜超过 7.

样条插值——分段三次多项式插值——的实际效果要远好于一般的插值多项

式，其基本出发点是这些分段三次多项式在插值的内节点处，不仅函数连续，而且一阶、二阶导数也连续，从而有较好的逼近性质．当然这些公式比较复杂，但其原理相当简单．

最小二乘问题等价于对应的法方程 $\boldsymbol{G}^{\mathrm{T}}\boldsymbol{G}\boldsymbol{a}=\boldsymbol{G}^{\mathrm{T}}\boldsymbol{y}$，它的构造可以从所求的“广义多项式”$p(x)=\sum \alpha_k g_k(x)$在数据点上的近似要求：$p(x_i)\approx y_i$ 所导出的“超定方程组”形成．而法方程的求解本书则推荐了正交化方法，这是一个稳定性很好的解方程（包括普通方程组和超定方程组）的方法．

习　题

1．给出经过下列数据点的最低次代数多项式：

(1)

x	1.45	1.36	1.14
$f(x)$	3.14	4.15	5.65

(2)

x	11	12	13	14	15
$f(x)$	16105	22621	30041	41371	54241

2．$f(x)=\sqrt{x}$ 在 $x=100,121,144$ 三点的值容易计算，试以此三点建立对应的三点插值公式，近似计算 $\sqrt{115}$的值，并给出误差估计．

3．给定数据表

x	0.1	0.2	0.3	0.4	0.5
$f(x)$	0.7001	0.4016	0.1081	−0.1744	−0.4375

试求 $f(x)=0$ 在[0.3,0.4]中的解．

4．给定数据表

x	0	1	2	3
$f(x)$	1	0	5	52
$f'(x)$	2		2	

试求插值以上数据的不超过 5 次的多项式．

5．给定数据表

x	0.1	0.2	0.3	0.4	0.5
$f(x)$	5.1234	5.3057	5.5678	5.9378	6.4370

用最小二乘法求拟合以上数据的形如 $p(x)=ax+b$ 的一次式，并求其误差．

6. 给定数据表

x	0.1	0.2	0.3	0.4	0.5
$f(x)$	5.1234	5.3057	5.5678	5.9378	6.4370

求形如 ae^{bx} 的最小二乘近似函数.

7. 设 $x_0,x_1,x_2,\cdots,x_n$ 是相异的节点，$l_i(x)$是关于该组节点的 Lagrange 基本插值多项式，试证明：

(1) $\sum\limits_{i=0}^{n} l_i(x)\equiv 1$

(2) $\sum\limits_{i=0}^{n} x_i^k l_i(x)\equiv x^k,k=0,1,\cdots,n$

(3) $\sum\limits_{i=0}^{n} (x_i-x)^k l_i(x)\equiv 0,k=0,1,\cdots,n$

(4) 设 $f(x)$是 m 次多项式，$p(x)$是插值数据点$\{(x_i,y_i),i=0,1,\cdots,n\}$的 n 次多项式，则当 $m\leqslant n$ 时，$p(x)=f(x)$.

8. 证明，若 $f(x)$是 n 次多项式，则 $f[x_1,x]$是 $n-1$ 次多项式；一般地，有 $f[x_1,x_2,\cdots,x_k,x]$是 $n-k$ 次多项式.

9. 设 $f(x)=x^3+\alpha x+\beta$，已知差商 $f[0,m,n]=2$ (α,β,m,n 为实数)，求 $f[m,n,-2]$.

10. 设 $x_0,x_1,x_2,\cdots,x_n$ 是相异的节点，试证明

$$f[x_0,x_1,\cdots,x_n]=\sum_{i=0}^{n}\frac{f(x_i)}{\omega'(x_i)}$$

11. 已知 $S(x)$是三次自然样条函数：

$$S(x)=\begin{cases} A+\dfrac{1}{2}x, & x\leqslant -1 \\ 2+2x+\dfrac{3}{2}x^2+Bx^3, & -1\leqslant x<0 \\ 2+2x+Cx^2-\dfrac{x^3}{2}, & 0\leqslant x<1 \\ \dfrac{3}{2}+Dx, & 1\leqslant x \end{cases}$$

试求其中的系数 A,B,C,D.

12. 设 $x_1-x_0=x_2-x_1=h$，函数

$$f(x_0)=A,f(x_1)=B,f(x_2)=C,f''(x_0)=f''(x_2)=0,$$

求区间$[x_0,x_2]$上满足以上插值条件的分段三次插值多项式（自然样条）；

第 4 章　数值积分和数值导数

本章讨论近似计算定积分 $\int_b^a f(x)\mathrm{d}x$ 和导数 $f'(x)$（或 $f''(x)$ 等）在某些点上的值的数值方法. 在高等数学中，求定积分一般先要得到 $f(x)$ 的原函数 $F(x)$，然而求一个函数的原函数往往是十分困难的工作，更何况连续函数虽然从理论上说存在原函数，但大部分原函数很可能无法用初等函数表示，或者说无法用有限的方法表示. 因此，必须考虑用其他数值方法求这个定积分的近似值. 同样，求函数的导数值时，有一种可能是导数公式难以求得，另一种可能是函数 $f(x)$ 的函数表达式非常复杂，甚至难以获得函数表达式，只能通过其他方法获得函数在某些点上的值. 因此和数值积分一样，要探索一些直接用某些函数值计算导数近似值的方法.

以下用 $I(f)$ 表示函数 $f(x)$ 在区间 $[a,b]$ 上的积分，即 $I(f)=\int_a^b f(x)\mathrm{d}x$. 通常用 $f(x)$ 在某些节点 x_k 上的函数值的组合

$$Q(f) = \sum_{k=0}^{n} A_k f(x_k) \tag{4.1}$$

作为积分 $I(f)$ 的近似值，称这一方法为数值积分方法，相应的计算公式为求积公式，A_k 为求积系数. 显然求积公式 $Q(f)$ 的误差是：$E(f)=I(f)-Q(f)$.

注：因为积分的英文为 Integration，因此用 $I(f)$ 表示函数 $f(x)$ 的积分；数值积分的英文单词为 Quadrature，因此用 $Q(f)$ 表示数值积分.

4.1　内插求积的 Newton－Cotes 公式

由于多项式的积分非常简单，因此获得数值积分的一个基本方法是利用函数 $f(x)$ 在节点 x_k 上的插值多项式 $p(x)$ 作为 $f(x)$ 的近似，由 $p(x)$ 的积分作为近似计算 $I(f)$ 的公式. 由插值多项式的关系式 $f(x)=p(x)+R(x)$，两边积分就有

$$I(f)=\int_a^b f(x)\mathrm{d}x=\int_a^b p(x)\mathrm{d}x+\int_a^b R(x)\mathrm{d}x.$$

取

$$Q(f)=\int_a^b p(x)\mathrm{d}x$$

作为求积公式，相应的误差就是

$$E(f)=I(f)-Q(f)=\int_a^b R(x)\mathrm{d}x.$$

若插值多项式取 Lagrange 形式 $L(x)$，便有求积公式

$$Q(f)=\int_a^b L(x)\mathrm{d}x=\int_a^b \sum_{k=0}^{n} l_k(x)f(x_k)\mathrm{d}x=\sum_{k=0}^{n} f(x_k)\int_a^b l_k(x)\mathrm{d}x.$$

与求积公式的基本形式作比较，就可以知道此时求积系数

$$A_k=\int_a^b l_k(x)\mathrm{d}x \tag{4.2}$$

此类通过在节点$\{(x_i,f(x_i)),i=0,1,\cdots,n\}$，其中 $a\leqslant x_0<x_1<\cdots<x_n\leqslant b$，满足插值条件的插值多项式导出的求积公式称为内插求积公式.

由于插值多项式的余项

$$R(x)=f(x)-p(x)=f[x_0,x_1,\cdots,x_n,x]\omega(x)=\frac{1}{(n+1)!}f^{(n+1)}(\xi)\omega(x)$$

因此，内插求积公式的误差

$$E(f)=\int_a^b f[x_0,x_1,\cdots,x_n,x]\omega(x)\mathrm{d}x=\frac{1}{(n+1)!}\int_a^b f^{(n+1)}(\xi)\omega(x)\mathrm{d}x \tag{4.3}$$

显然，当函数 $f(x)$是不超过 n 次的多项式时，必有 $R(x)\equiv 0$. 由此可见，若函数 $f(x)$为不超过 n 次的多项式，求积公式的误差 $E(f)=0$，即 $I(f)=Q(f)$. 进一步有：

定义 4.1 若求积公式 $Q(f)$对任何不超过 m 次的多项式 $p_m(x)$有 $I(p_m)=Q(p_m)$，而对 $m+1$ 次多项式 $p_{m+1}(x)$等式不再成立：$I(p_{m+1})\neq Q(p_{m+1})$，则称该求积公式的代数精度为 m.

从前面的讨论可知由 $n+1$ 个节点构造的内插求积公式的代数精度至少是 n.

4.1.1 Newton-Cotes 公式

将区间$[a,b]$等分成 n 等份，称 $h=\frac{1}{n}(b-a)$为步长，此时节点便为等距分布：$x_k=a+kh,k=0,1,\cdots,n$. 称此时的内插求积公式为 Newton-Cotes 公式.

1) $n=1,h=b-a$

此时 $x_0=a,x_1=b,l_0=\frac{b-x}{b-a},l_1=\frac{x-a}{b-a}$. 由式(4.2)有

$$A_0=\int_a^b \frac{b-x}{b-a}\mathrm{d}x=\frac{1}{2}(b-a),A_1=\int_a^b \frac{x-a}{b-a}\mathrm{d}x=\frac{1}{2}(b-a).$$

因此，可以得到公式

$$T(f)=\frac{b-a}{2}[f(a)+f(b)] \tag{4.4}$$

这个求积公式称为梯形(Trapezoidal)求积公式,简称梯形公式.它被称为梯形公式是因为公式的几何意义是以直角梯形面积近似替代原积分的曲边梯形面积.

误差:由内插求积公式误差的基本公式(4.3),梯形公式的误差

$$E_T=\int_a^b f[a,b,x](x-a)(x-b)\mathrm{d}x$$

当 $f''(x)$ 连续时,由差商定义也容易得出结论 $f[a,b,x]$ 也连续,同时在区间 $[a,b]$ 上 $(x-a)(x-b)\leqslant 0$,因此根据积分中值定理(参见附录 I,定理 I.6:积分中值定理),得到 $\int_a^b f[a,b,x](x-a)(x-b)\mathrm{d}x=f[a,b,\xi]\int_a^b (x-a)(x-b)\mathrm{d}x$.

因此,梯形公式的误差

$$E_T=-\frac{(b-a)^3}{12}f''(\eta),a\leqslant\eta\leqslant b \tag{4.5}$$

从误差表达式还可以得出结论:梯形公式的代数精度为 1.这是因为对任何不超过 1 次的多项式 $p_1(x)$,总有 $p_1''(x)\equiv 0$,因此 $E(p_1)=I(p_1)-T(p_1)=0$.

2) $n=2,h=\frac{1}{2}(b-a)$.

此时 $x_0=a,x_1=\frac{1}{2}(b+a),x_2=b$,相应的插值多项式

$$p_2(x)=\frac{(x-x_1)(x-x_2)}{(x_0-x_1)(x_0-x_2)}f(x_0)+\frac{(x-x_0)(x-x_2)}{(x_1-x_0)(x_1-x_2)}f(x_1)+\frac{(x-x_0)(x-x_1)}{(x_2-x_0)(x_2-x_1)}f(x_2)$$

按式(4.2),可计算得

$$A_0=\frac{1}{6}(b-a),A_1=\frac{4}{6}(b-a),A_2=\frac{1}{6}(b-a)$$

因此有求积公式

$$S(f)=\frac{(b-a)}{6}[f(a)+4f(\frac{a+b}{2})+f(b)] \tag{4.6}$$

这个求积公式称为 Simpson 公式.

Simpson 公式的误差:当 $f^{(4)}(x)$ 连续时

$$E_S=-\frac{(b-a)^5}{2880}f^{(4)}(\eta),\quad a\leqslant\eta\leqslant b$$

显然,Simpson 公式的代数精度为 3.

注:这个误差公式不能简单地像梯形公式的误差公式的导出方法一样,用三点插值多项式的余项公式,及积分中值定理得到.后面通过例 4.1 将对这一误差公式的来源作解释.

3) $n=4, h=\frac{1}{4}(b-a)$

此时公式称为 Cotes 公式

$$C(f)=\frac{b-a}{90}[7f(a)+32f(a+h)+12f(a+2h)+32f(a+3h)+7f(b)] \tag{4.7}$$

公式的误差

$$E_4=-\frac{8}{945}\left(\frac{b-a}{4}\right)^7 f^{(6)}(\eta), a\leqslant\eta\leqslant b \tag{4.8}$$

这是一个代数精度为 5 的公式.

4) $n=8$ 的 Newton-Cotes 公式称为 Romberg 公式，是一个代数精度为 7 的求积公式. 由于公式形式比较复杂，就不再列出了.

例 4.1 试确定以下公式的系数 A、B、C、D 使之具有尽可能高的代数精度，求其代数精度，并求其误差

$$\int_{-1}^{1} f(x)\mathrm{d}x\approx Af(-1)+Bf(0)+Cf(1)+Df'(0)$$

解 由于计算积分用到包括中点导数在内的 4 个信息，所以可先求得相应的插值多项式，再对插值多项式积分求得数值积分公式.

因为有导数信息，故采用 Newton 形式的插值多项式. 为此，先求出差商表：

-1	$f(-1)$			
0	$f(0)$	$f(0)-f(-1)$		
0	$f(0)$	$f'(0)$	$f'(0)-f(0)+f(-1)$	
1	$f(1)$	$f(1)-f(0)$	$f(1)-f(0)-f'(0)$	$\frac{[f(1)-2f'(0)-f(-1)]}{2}$

由此得到相应的 Newton 插值多项式

$$N(x)=f(-1)+[f(0)-f(-1)](x+1)+[f'(0)-f(0)+f(-1)](x+1)x+\frac{1}{2}[f(1)-2f'(0)-f(-1)](x+1)x^2$$

对该 Newton 插值多项式积分，得 $A=C=\frac{1}{3}, B=\frac{4}{3}, D=0$；因此求积公式为

$$\int_{-1}^{1} f(x)\mathrm{d}x\approx\frac{1}{3}[f(-1)+4f(0)+f(1)]$$

误差：由于所得插值多项式的余项是 $R(x)=f[-1,0,0,1,x](x+1)x^2(x-1)$；又由于在积分区间$[-1,1]$中，函数$(x+1)x^2(x-1)=x^2(x^2-1)$非正，因此由积分中值定理

$$E(f)=\int_{-1}^{1} f[-1,0,0,1,x]x^2(x^2-1)\mathrm{d}x=f[-1,0,0,1,\xi]\int_{-1}^{1} x^2(x^2-1)\mathrm{d}x$$
$$=-\frac{1}{90}f^{(4)}(\eta),-1\leqslant\eta\leqslant 1$$

显然，这是区间$[-1,1]$上的 Simpson 积分公式. 而从公式的导出过程可以看到，Simpson 积分公式实际上隐含了被积函数在积分区间中点处的导数值信息. 因此作为等距节点数值积分公式，它实际上用到了函数的 4 个信息，因此它的代数精度达到 3.

注：对于一般区间的积分$\int_a^b f(t)\mathrm{d}t$，可用变量代换 $t=\frac{a}{2}(1-x)+\frac{b}{2}(1+x)$将积分区间由$[a,b]$变换到$[-1,1]$：$\int_a^b f(t)\mathrm{d}t=\frac{b-a}{2}\int_{-1}^{1} f[\frac{a}{2}(1-x)+\frac{b}{2}(1+x)]\mathrm{d}x$，再利用所获得的结果，可得到一般区间上的 Simpson 积分公式(4.6)，与相应的误差公式(4.7).

4.1.2　复化求积公式(Composite Numerical Integration)

前面给出的梯形公式、Simpson 公式等的优点是：简单，容易估计误差. 但是它们也有重大的缺点：误差大，尤其当区间比较大时，从误差表达式容易得出误差大这个结论.

改进方法：根据积分的可加性$\int_a^b f(x)\mathrm{d}x=\sum_{k=1}^{n}\int_{a+(k-1)h}^{a+kh} f(x)\mathrm{d}x$，倘若将区间等分成 n 等份，即取步长 $h=\frac{1}{n}(b-a)$，节点 $x_k=a+kh,k=0,1,\cdots,n$，在每个区间$[x_{k-1},x_k]$上采用梯形公式或 Simpson 公式，那么误差就会足够小.

1) 复化梯形公式

按前述方法，由于在每个区间$[x_{k-1},x_k]$上的梯形公式是$\frac{h}{2}[f(x_{k-1})+f(x_k)]$，在全区间$[a,b]$上将它们综合起来便是

$$\frac{h}{2}\{[f(x_0)+f(x_1)]+[f(x_1)+f(x_2)]+\cdots+[f(x_{n-1})+f(x_n)]\}$$

由 $x_0=a,x_n=b$，可知复化梯形公式

$$T_n=\frac{h}{2}[f(a)+f(b)+2\sum_{k=1}^{n-1}f(x_k)] \tag{4.9}$$

由于在每个区间$[x_{k-1},x_k]$上梯形公式的误差是：$-\frac{h^3}{12}f''(\eta_k),\eta_k\in(x_{k-1},x_k)$，从而整体误差便是：$E_T=-\frac{h^3}{12}[f''(\eta_1)+f''(\eta_2)+\cdots+f''(\eta_n)]$.

当 $f''(x)$ 在 $[a,b]$ 上连续时，根据连续函数的介值定理（见附录，例 I.1），存在 $\eta \in [a,b]$ 使 $f''(\eta)=\frac{1}{n}[f''(\eta_1)+f''(\eta_2)+\cdots+f''(\eta_n)]$．又由 $b-a=nh$ 立即得到复化梯形公式的误差公式

$$E_T=-\frac{b-a}{12}h^2 f''(\eta),a\leqslant\eta\leqslant b \tag{4.10}$$

由此误差公式可知，复化梯形公式的代数精度为 1. 其次，显然当 $h\to 0$ 时，必有 $E_T\to 0$（因为 $f''(x)$ 在 $[a,b]$ 上连续，则 $f''(x)$ 有界），若用微积分中"等价无穷小"的符号，可知 $E_T=O(h^2)$，因此称复化梯形公式的计算精度是"2 阶".

一般地，若复化求积公式的误差为 $O(h^k)$，则称公式的计算精度是"k 阶". 从代数精度与计算精度的定义可以知道：代数精度是考察求积公式"对多少次的多项式没有误差". 而计算精度则讨论"误差与步长的关联程度"！

2）复化 Simpson 公式

由于在每个区间 $[x_{k-1},x_k]$ 上的 Simpson 公式是

$$\frac{h}{6}[f(x_{k-1})+4f(\frac{x_{k-1}+x_k}{2})+f(x_k)]$$

因此在全区间 $[a,b]$ 上将它们综合起来便是

$$\frac{h}{6}\sum_{k=1}^{n}[f(x_{k-1})+4f(\frac{x_{k-1}+x_k}{2})+f(x_k)]$$

又由 $x_0=a,x_n=b$，因此复化 Simpson 公式为

$$S_n=\frac{h}{6}[f(a)+f(b)+2\sum_{k=1}^{n-1}f(x_k)+4\sum_{k=1}^{n}f(\frac{x_{k-1}+x_k}{2})] \tag{4.11}$$

同样，由于区间 $[x_{k-1},x_k]$ 上 Simpson 公式的误差为：$-\frac{h^5}{2880}f^{(4)}(\eta_k)$，$\eta_k\in(x_{k-1},x_k)$，从而整体误差便是：$E_T=-\frac{h^5}{2880}[f^{(4)}(\eta_1)+f^{(4)}(\eta_2)+\cdots+f^{(4)}(\eta_n)]$. 若 $f^{(4)}(x)$ 在 $[a,b]$ 上连续，根据连续函数的介值定理（见附录，例 I.1），存在 $\eta\in[a,b]$ 使 $f^{(4)}(\eta)=\frac{1}{n}[f^{(4)}(\eta_1)+f^{(4)}(\eta_2)+\cdots+f^{(4)}(\eta_n)]$．仍由 $b-a=nh$ 立即得到复化 Simpson 公式的误差公式：

$$E_T=-\frac{b-a}{2880}h^4 f^{(4)}(\eta),a\leqslant\eta\leqslant b \tag{4.12}$$

由此误差公式可知，复化 Simpson 公式的代数精度为 3. 其次，由 $E_T=O(h^4)$，可知复化 Simpson 公式的计算精度是"4 阶".

4.1.3 步长的选取——变步长积分法

通常用数值积分方法去近似计算一个积分总有一定的精度要求，即对于事先

给定的误差界 ε，要求 $|I(f)-Q(f)|\leqslant\varepsilon$. 如果采用复化求积方法，从误差公式可知问题就转化为：如何选择适当的步长，使数值积分的值达到要求的精度.

1) 复化梯形积分法

将区间 n 等分得到的复化梯形公式记为 T_n. 由复化求积公式的误差关系（注意：步长 $h=\dfrac{b-a}{n}$），有

$$I(f)-T_n=-\frac{b-a}{12}\left(\frac{b-a}{n}\right)^2 f''(\eta_1)$$

$$I(f)-T_{2n}=-\frac{b-a}{12}\left(\frac{b-a}{2n}\right)^2 f''(\eta_2)$$

设 $f''(x)$ 在 $[a,b]$ 变化不大，即 $f''(\eta_1)\approx f''(\eta_2)$，将以上两式左右分别相除，便得

$$\frac{I(f)-T_n}{I(f)-T_{2n}}\approx 4$$

将此式作简单变形，就可以得到复化梯形求积公式的误差估计

$$I(f)-T_{2n}\approx\frac{1}{3}(T_{2n}-T_n)\tag{4.13}$$

从而，通过可计算的值 $\dfrac{1}{3}(T_{2n}-T_n)$，可以估计实际上无法得到的复化梯形求积公式的误差. 用 $\left|\dfrac{1}{3}(T_{2n}-T_n)\right|\leqslant\varepsilon$ 代替 $|I(f)-T_{2n}|\leqslant\varepsilon$.

由于式(4.13)是由约等式导出的，因此为保险起见，也可以取 $|T_{2n}-T_n|\leqslant\varepsilon$ 估计数值积分是否达到误差要求.

2) 复化 Simpson 积分公式，

将区间 n 等分得到的复化 Simpson 公式记为 S_n. 由复化 Simpson 公式的误差关系（步长 $h=\dfrac{b-a}{n}$），有：

$$I(f)-S_n=-\frac{b-a}{2880}\left(\frac{b-a}{2n}\right)^4 f^{(4)}(\eta_1)$$

$$I(f)-S_{2n}=-\frac{b-a}{2880}\left(\frac{b-a}{2n}\right)^4 f^{(4)}(\eta_2)$$

同前一样，设 $f^{(4)}(x)$ 在 $[a,b]$ 变化不大，即 $f^{(4)}(\eta_1)\approx f^{(4)}(\eta_2)$，将以上两式左右分别相除，即得

$$\frac{I(f)-S_n}{I(f)-S_{2n}}\approx 16$$

将此式作简单变形，可以得到复化梯形求积公式的误差估计

$$I(f)-S_{2n}\approx\frac{1}{15}(S_{2n}-S_n) \tag{4.14}$$

从而，由判断 $\left|\frac{1}{15}(S_{2n}-S_n)\right|\leqslant\varepsilon$ 是否成立，确定 $|I(f)-S_{2n}|\leqslant\varepsilon$ 是否满足，从而决定是否可以结束计算，或对区间进一步对分以提高计算精度.

3) 变步长积分的计算——由 T_n 到 T_{2n} 的计算

比较步长之比为 2∶1 的复化梯形积分公式 T_n 与 T_{2n}

$$T_n=\frac{h}{2}[f(a)+f(b)+2\sum_{k=1}^{n-1}f(x_k)]$$

$$T_{2n}=\frac{\frac{h}{2}}{2}[f(a)+f(b)+2\sum_{k=1}^{n-1}f(x_k)+2\sum_{k=1}^{n}f(\frac{x_{k-1}+x_k}{2})]$$

将两者加以比较容易得到：

$$T_{2n}=\frac{1}{2}T_n+\frac{h}{2}\sum_{k=1}^{n}f(\frac{x_{k-1}+x_k}{2}) \tag{4.15}$$

在实际计算中，还可以用以下方法记忆

$$T_{2n}=\frac{1}{2}T_n+(T_{2n}\text{的步长})\sum(\text{新增点的函数值})$$

对于步长对分的复化 Simpson 积分公式 S_n 和 S_{2n}，它们之间的数值关系比较复杂，同时也因为下节 Romberg 积分方法将说明它们可相应的复化梯形积分取得，因此对此可以不作讨论.

4.1.4 Romberg 积分

由复化梯形积分的误差估计(4.13)：$I(f)-T_{2n}\approx\frac{1}{3}(T_{2n}-T_n)$，这个公式除了可以用来估计误差外，还可以设想既然已估计出 T_{2n} 的误差，就应该将误差部分"归还"给它，可以期望得到积分的一个更精确的近似值：$I(f)\approx T_{2n}+\frac{1}{3}(T_{2n}-T_n)$.

通过计算有

$$\begin{aligned}I(f)\approx\frac{4T_{2n}-T_n}{3}=&\frac{1}{3}\Big\{4*\frac{\frac{h}{2}}{2}[f(a)+f(b)+2\sum_{k=1}^{n-1}f(x_k)\\&+2\sum_{k=1}^{n}f(\frac{x_{k-1}+x_k}{2})]-\frac{h}{2}[f(a)+f(b)+2\sum_{k=1}^{n-1}f(x_k)]\Big\}\\=&\frac{h}{6}[f(a)+f(b)+2\sum_{k=1}^{n-1}f(x_k)+4\sum_{k=1}^{n}f(\frac{x_{k-1}+x_k}{2})]=S_n\end{aligned}$$

特别值得注意的是，我们得到的是一个准确的关系

$$S_n = \frac{4T_{2n} - T_n}{4-1} \tag{4.16}$$

注意，S_n 和 T_{2n} 用到同样都是将区间 $[a,b]$ 等分 $2n$ 份得到的 $2n+1$ 点上的函数值. 但复化梯形积分公式 T_n（或 T_{2n}）的代数精度是 1 阶，计算精度是 $O(h^2)$；复化 Simpson 公式 S_n 的代数精度是 3 阶，计算精度是 $O(h^4)$. 这说明对精度较低的梯形公式作适当的组合，代数精度得到提高，计算精度也得到很大的提高. 而算式 (4.16) 并没有增加函数计算量，仅增加了极少的代数运算（2 个浮点运算），就大大地提高了计算精度.

用类似的方法，将复化 Simpson 公式适当地组合，可得到精度为 $O(h^6)$，代数精度为 5 的复化 Cotes 公式；再将复化 Cotes 公式适当地组合，可得到精度为 $O(h^8)$，代数精度为 7 的复化 Romberg 公式.

$$C_n = \frac{4^2 S_{2n} - S_n}{4^2-1} \tag{4.17}$$

$$R_n = \frac{4^3 C_{2n} - C_n}{4^3-1} \tag{4.18}$$

这类不增加函数值的计算，仅通过对已计算获得的结果作适当的组合就能提高计算精度的方法被称为“外推法”，这种数值积分的“外推法”被称为 Romberg 方法.

在计算时，可按如下的表进行计算.

$$\begin{array}{llll}
T_1 & & & \\
T_2 & S_1 & & \\
T_4 & S_2 & C_1 & \\
T_8 & S_4 & C_2 & R_1 \\
T_{16} & S_8 & C_4 & R_2 \\
\vdots & \vdots & \vdots & \vdots
\end{array}$$

实际计算时，通常当 $|R_{2n} - R_n| \leqslant \varepsilon$ 时，计算终止，其中 ε 是事先要求的数值方法应满足的误差界；如果用相对误差作为终止判断，则取 $|R_{2n} - R_n| \leqslant \varepsilon |R_{2n}|$.

Romberg 方法的外推一般到 R_n 为止，尽管理论上还可以继续进行：可以通过计算 $\dfrac{4^4 R_{2n} - R_n}{4^4-1}$ 取得精度更高的公式. 但我们可以从两方面衡量进行这样的计算的实际意义.

1. 将此公式改写为：$\dfrac{4^4 R_{2n}}{255} - \dfrac{R_n}{255}$，由于 $\dfrac{4^4 R_{2n}}{255} \approx R_{2n}$，因此可将此式认作是对 R_{2n}

的修正，而修正值是$\frac{R_n}{255}\approx 0.00392R_n$；当 n 较大时，R_{2n} 与 R_n 已是积分的比较准确的近似值，因此这部分的修正对 R_{2n} 的进一步改进影响一般比较小.

2. 注意到 T_n 公式的误差：$\alpha_T h^2 f''(\eta)$，S_n 公式的误差：$\alpha_S h^4 f^{(4)}(\eta)$，$C_n$ 公式的误差：$\alpha_C h^6 f^{(6)}(\eta)$，$R_n$ 公式的误差：$\alpha_R h^8 f^{(8)}(\eta)$，依次类推可知$\frac{4^4 R_{2n}-R_n}{4^4-1}$获得的值的误差应是 $\alpha h^{10} f^{(10)}(\eta)$，而通常高阶导数 $f^{(10)}(x)$的性态很难估计，特别是对于高阶导数性态不好的函数如此校正的效果可能并不理想.

因此，一般不再继续进行外推，Romberg 方法用到 R_n 为止.

例 4.2 用 Romberg 积分方法求积分 $\int_0^1 e^x dx$ 的近似值.

按 8 位有效数字计算结果如下：

$T_1=1.6591409$

$T_2=1.7539311\quad S_1=1.7188612$

$T_4=1.7272219\quad S_2=1.7183188\quad C_1=1.7182827$

$T_8=1.7205186\quad S_4=1.7182824\quad C_2=1.7182818\quad R_1=1.7182818$

比较积分的准确值：$\int_0^1 e^x dx=1.718281828459\cdots$，这个积分用 Romberg 积分方法得到了很好的结果.

例 4.3 用 Romberg 积分方法求积分：$\int_0^{0.8}\sqrt{x}dx$.

按 5 位有效数字计算结果如下：

$T_1=0.35777$

$T_2=0.43187\quad S_1=0.45657$

$T_4=0.46030\quad S_2=0.46987\quad C_1=0.47066$

$T_8=0.47092\quad S_4=0.47446\quad C_2=0.47477\quad R_1=0.47484$

$T_{16}=0.47482\quad S_8=0.47612\quad C_4=0.47623\quad R_2=0.47625$

比较积分的准确值：$\int_0^{0.8}\sqrt{x}dx=0.47703\cdots$，显然方法的效果并不明显. 将以上两例作一简单比较，$[0,1]$上函数 e^x 及其各阶导数均在$[1,2.718]$中，而在区间$(0,0.8]$上，函数$\sqrt{x}$的各阶导数是无界的，而从前面介绍的公式可知，数值积分的误差总与高阶导数相关. 因此例 4.3 无法得到良好的结果. 由此可体会到，Romberg 方法的效果(准确性)与被积函数的高阶导数的性态有关.

4.1.5 待定系数法

前面介绍的内容主要是讨论如何计算. 而基本公式的引入都采用对插值多项

式积分的方式得到，这样确定数值积分公式要先求得插值多项式，再对多项式积分才能得到求积系数，通常比较麻烦；特别困难的是数值积分公式的误差往往还无法求得（因为要应用积分中值定理，要求 $\omega(x)$ 在积分区间保持非负或非正）. 为避免上述困难，以下介绍求数值积分公式及其误差的另一种方法——待定系数法.

从前面的数值积分公式可以看到：公式的代数精度越高，该公式越精确. 因此，可以利用代数精度刻画的积分与求积公式之间的等式关系，确定求积公式中的某些待定的求积系数，使公式达到尽可能高的代数精度，

前面定义代数精度：若求积公式对任何不超过 m 次的多项式 $p_m(x)$ 成立：$I(p_m)=Q(p_m)$，即 $E(p_m)=0$，而对 $m+1$ 次多项式则不再成立，则称该求积公式的代数精度为 m. 由前已得的梯形、Simpson 等公式的误差表达式（一般形式为 $rf^{(m+1)}(\eta)$）容易判定其代数精度分别为 1 和 3. 然而如果仅有求积公式而没有误差公式，一般不易判定其代数精度，因为无法用无穷多的"任何不超过 m 次的多项式"去验证是否总有 $I(p_m)=Q(p_m)$. 为此下面给出代数精度的一种等价定义：

求积公式的代数精度为 m，当且仅当对任何不超过 m 次的单项式 x^k 成立：$I(x^k)=Q(x^k)(k=0,1,\cdots,m)$，而对 x^{m+1} 则 $I(x^{m+1})\neq Q(x^{m+1})$（参见本章习题 1）.

显然，这种定义只须 $m+2$ 次验证即可完成，从而确定求积公式的代数精度. 另一方面，上述等式关系形成了 $m+1$ 个方程，从而可以确定求积公式的 $m+1$ 个系数. 这样导出公式的方法称为待定系数法.

此外，若一个求积公式的代数精度为 m，由代数精度的定义方式可知，公式误差 $E(f)$ 的一般形式必为 $rf^{(m+1)}(\eta)$，其中 r 是一个确定的常数. 因此确定求积公式的误差实际上是确定系数 r，若令 $f(x)=x^{m+1}$，注意到 $f(x)=x^{m+1}$ 的 $m+1$ 阶导数为常数：$f^{(m+1)}(x)=(x^{m+1})^{(m+1)}=(m+1)!$，因此由：$E(x^{m+1})=I(x^{m+1})-Q(x^{m+1})=r(m+1)!$ 容易得到系数 r（注意：$I(x^{m+1})$ 和 $Q(x^{m+1})$ 在验证该公式的代数精度时都已经计算过），从而便可得到误差表达式.

例 4.4　（重复例 4.1）：确定以下公式的系数 A、B、C、D 使之具有尽可能高的代数精度，并求此时公式的误差：

$$\int_{-1}^{1} f(x)\mathrm{d}x \approx Af(-1)+Bf(0)+Cf(1)+Df'(0)$$

解　取 $f(x)=x^k,k=0,1,2,3$ 分别代入公式，由代数精度的等价定义，可以形成 4 个方程，据此确定公式的 4 个系数：

$$f(x)=1, 2=A+B+C$$

$$f(x)=x, 0=-A+C+D$$

$$f(x)=x^2, \frac{2}{3}=A+C$$

$$f(x)=x^3, 0=-A+C$$

解此方程组,得 $A=\frac{1}{3},B=\frac{4}{3},C=\frac{1}{3},D=0$;由此可知公式为

$$\int_{-1}^{1} f(x)\mathrm{d}x\approx\frac{1}{3}[f(-1)+4f(0)+f(1)]$$

显然,待定系数法比以前用插值多项式积分的方法要简单得多.

为求公式的误差,需确定公式的代数精度.从公式的构造过程可以知道,公式的代数精度至少是3.但是否是3,还需进一步考察当 $f(x)=x^4$ 时,公式是否有误差.为此,在已得的公式中令 $f(x)=x^4$.由于

$$\text{左边}=\int_{-1}^{1} x^4\mathrm{d}x=\frac{2}{5}\neq\frac{2}{3}=\text{右边}$$

所以公式的代数精度为3.因此误差的一般形式为 $rf^{(4)}(\eta)$,即

$$E(f)=I(f)-Q(f)=\int_{-1}^{1} f(x)\mathrm{d}x-\frac{1}{3}(f(-1)+4f(0)+f(1))=rf^{(4)}(\eta)$$

再次令 $f(x)=x^4$,便有 $\frac{2}{5}-\frac{2}{3}=-\frac{4}{15}=r\cdot 4!$,由此解得 $r=-\frac{1}{90}$;因此误差公式为

$$E(f)=-\frac{1}{90}f^{(4)}(\eta).$$

例4.5 确定以下公式的系数 A,B,C,D 使之具有尽可能高的代数精度,求其代数精度,及公式误差:

$$\int_{0}^{1} f(x)\mathrm{d}x\approx Af(0)+Bf(1)+Cf'(0)+Df'(1);$$

解 仿前,取 $f(x)=x^k,k=0,1,2,3$ 分别代入公式,由代数精度定义

$f(x)=1$ $\quad 1=A+B$

$f(x)=x$ $\quad \frac{1}{2}=B+C+D$

$f(x)=x^2$ $\quad \frac{1}{3}=B+2D$

$f(x)=x^3$ $\quad \frac{1}{4}=B+3D$

解此方程组,得 $D=-\frac{1}{12},B=\frac{1}{2},C=\frac{1}{12},A=\frac{1}{2}$.由此得公式

$$\int_{0}^{1} f(x)\mathrm{d}x\approx\frac{1}{2}(f(0)+f(1))+\frac{1}{12}(f'(0)-f'(1))$$

为求公式误差,需确定公式代数精度.仿前例,在已得公式中令 $f(x)=x^4$

$$\text{左边}=\frac{1}{5}\neq\frac{1}{2}-\frac{1}{3}=\frac{1}{6}=\text{右边}$$

由此可知公式的代数精度:3.所以公式误差

$$E(f)=I(f)-Q(f)=\int_0^1 f(x)\mathrm{d}x-\left\{\frac{1}{2}[f(0)+f(1)]+\frac{1}{12}[f'(0)-f'(1)]\right\}=r\cdot f^{(4)}(\eta)$$

令 $f(x)=x^4$，有 $\frac{1}{5}-\frac{1}{6}=\frac{1}{30}=r\cdot 4!$，因此 $r=\frac{1}{30\times 4!}$，由此得误差公式

$$E(f)=\frac{1}{30\times 4!}f^{(4)}(\eta).$$

将此公式推广到一般情况，有：

$$\int_a^b f(x)\mathrm{d}x=\frac{b-a}{2}[f(a)+f(b)]+\frac{(b-a)^2}{12}[f'(a)-f'(b)]+\frac{(b-a)^5}{30\times 4!}f^{(4)}(\eta)$$

例 4.6　确定以下公式的系数 A、B、C、D 使之具有尽可能高的代数精度，并求公式误差

$$\int_0^3 f(x)\mathrm{d}x\approx Af(0)+Bf(1)+Cf(2)+Df(3)$$

解　仿前，取 $f(x)=x^k$，$k=0,1,2,3$ 分别代入公式，由代数精度定义

$f(x)=1$　　$3=A+B+C+D$

$f(x)=x$　　$\frac{9}{2}=B+2C+3D$

$f(x)=x^2$　　$\frac{27}{3}=B+4C+9D$

$f(x)=x^3$　　$\frac{81}{4}=B+8C+27D$

解此方程组，得 $A=D=\frac{8}{3}$，$B=C=\frac{9}{8}$. 故得公式

$$\int_0^3 f(x)\mathrm{d}x\approx\frac{3}{8}[f(0)+3f(1)+3f(2)+f(3)]$$

为求公式误差，需确定公式代数精度. 仿前例，在已得公式中令 $f(x)=x^4$

$$\text{左边}=\frac{243}{5}\neq\frac{99}{2}=\text{右边}$$

由此可知公式的代数精度为 3，因此求积公式的误差

$$\begin{aligned}E[f]&=I(f)-Q(f)\\&=\int_0^3 f(x)\mathrm{d}x-\frac{3}{8}[f(0)+3f(1)+3f(2)+f(3)]=r\cdot f^{(4)}(\eta)\end{aligned}$$

又令 $f(x)=x^4$，有 $\frac{243}{5}-\frac{99}{2}=-\frac{9}{10}=r\cdot 4!$，因此 $r=\frac{-9}{10\times 4!}$，由此得

$$E(f)=-\frac{9}{10\times 4!}f^{(4)}(\eta).$$

注：本例得到的公式为区间[0,3]上的 Newton 积分公式. 更一般地，将积分区间等分为 3 等份的 Newton-Cotes 公式称为 Newton 积分公式.

例 4.7 确定以下公式的系数 A、B、C 使之具有尽可能高的代数精度，求其代数精度，及公式误差

$$\int_{-2h}^{2h} f(x)\mathrm{d}x \approx Af(-h)+Bf(0)+Cf(h)$$

解 仿前，取 $f(x)=x^k, k=0,1,2$ 分别代入公式，由代数精度定义

$f(x)=1,\qquad 4h=A+B+C$

$f(x)=x,\qquad 0=-Ah+Ch$

$f(x)=x^2,\qquad \dfrac{16h^3}{3}=Ah^2+Ch^2$

解此方程组，得：$A=C=\dfrac{8}{3}h, B=-\dfrac{4}{3}h$，所以公式

$$\int_{-2h}^{2h} f(x)\mathrm{d}x \approx \frac{4h}{3}[2f(-h)-f(0)+2f(h)]$$

为求公式误差，需确定公式代数精度. 仿前例，在已得公式中令 $f(x)=x^3$

$$左边=0=右边$$

由于 $f(x)=x^3$ 时成立等式，因此需再令 $f(x)=x^4$，此时

$$左边=\frac{2}{5}(2h)^5 \neq \frac{4h}{3}(4h^4)=右边$$

由此可知公式的代数精度为 3，因此求积公式的误差

$$E(f)=I(f)-Q(f)=\int_{-2h}^{2h} f(x)\mathrm{d}x-\frac{4h}{3}[2f(-h)-f(0)+2f(h)]=rf^{(4)}(\eta)$$

令 $f(x)=x^4$，有 $\dfrac{2}{5}(2h)^5-\dfrac{4h}{3}(4h^4)=16(\dfrac{4}{5}-\dfrac{1}{3})h^5=\dfrac{16\times 7}{15}h^5=r\cdot 4!$，因此 $r=\dfrac{14}{45!}h^5$，由此得误差公式：

$$E(f)=\frac{14}{45}h^5 f^{(4)}(\eta)$$

例 4.8 确定以下公式的系数 A、B，及节点 x_0、x_1，使之具有尽可能高的代数精度，并求其误差

$$\int_{-1}^{1} f(x)\mathrm{d}x \approx Af(x_0)+Bf(x_1)$$

解 与前面的例子仅求“求积系数”不同，在本例中需要确定的是两个节点和两个系数，共 4 个待定的量. 因此，仍仿前，取 $f(x)=x^k, k=0,1,2,3$ 分别代入公式，由代数精度定义形成 4 个方程

$f(x)=1 \quad 2=A+B$

$f(x)=x \quad 0=Ax_0+Bx_1$

$f(x)=x^2 \quad \frac{2}{3}=Ax_0^2+Bx_1^2$

$f(x)=x^3 \quad 0=Ax_0^3+Bx_1^3$

解此非线性方程组(由于积分区间是对称的:$[-1,1]$,可考虑 x_0 与 x_1 也是对称的,即 $x_0=-x_1$,就容易求解此方程组)得:$A=B=1,x_0=-\frac{1}{\sqrt{3}},x_1=\frac{1}{\sqrt{3}}$;因此求积公式为

$$\int_{-1}^{1} f(x)\mathrm{d}x \approx f(-\frac{1}{\sqrt{3}})+f(\frac{1}{\sqrt{3}})$$

为求公式误差,需确定公式代数精度.仿前例,在已得公式中令 $f(x)=x^4$,

$$\text{左边}=\frac{2}{5}\neq\frac{2}{9}=\text{右边}$$

由此得求积公式的代数精度为 3;因此求积公式的误差

$$E(f)=I(f)-Q(f)=\int_{-1}^{1} f(x)\mathrm{d}x-\left[f(-\frac{1}{\sqrt{3}})+f(\frac{1}{\sqrt{3}})\right]=rf^{(4)}(\eta)$$

令 $f(x)=x^4$,有 $\frac{2}{5}-\frac{2}{9}=\frac{8}{45}=r\cdot 4!$,因此 $r=\frac{8}{45\times 4!}$,由此得误差公式

$$E(f)=\frac{8}{45\times 4!}f^{(4)}(\eta)$$

例 4.9　确定以下公式的系数 A、B 及节点 x_0、x_1 使公式具有尽可能高的代数精度,求其代数精度,及公式误差

$$\int_{-1}^{1} x^2 f(x)\mathrm{d}x \approx Af(x_0)+Bf(x_1)$$

解　与例 4.8 的情况相同,需确定两个节点和两个系数.仿前,取 $f(x)=x^k$,$k=0,1,2,3$分别代入公式,由代数精度定义形成 4 个方程

$f(x)=1, \quad \frac{2}{3}=A+B$

$f(x)=x, \quad 0=Ax_0+Bx_1$

$f(x)=x^2, \quad \frac{2}{5}=Ax_0^2+Bx_1^2$

$f(x)=x^3, \quad 0=Ax_0^3+Bx_1^3$

解此非线性方程组得:$A=B=\frac{1}{3},x_0=-\sqrt{\frac{3}{5}},x_0=\sqrt{\frac{3}{5}}$;因此求积公式为

$$\int_{-1}^{1} x^2 f(x)\mathrm{d}x \approx \frac{1}{3}\left[f(-\sqrt{\frac{3}{5}})+f(\sqrt{\frac{3}{5}})\right],$$

同样可以证明公式的代数精度为 3.

为求公式误差,仿前例,在已得公式中令 $f(x)=x^4$,

$$E(f)=I(f)-Q(f)=\int_{-1}^{1} x^2 f(x)\mathrm{d}x-\frac{1}{3}\left[f(-\sqrt{\frac{3}{5}})+f(\sqrt{\frac{3}{5}})\right]=r\,f^{(4)}(\eta)$$

令 $f(x)=x^4$,有$\frac{2}{7}-\frac{2}{3}(\frac{9}{25})=\frac{2}{7}-\frac{6}{25}=\frac{8}{175}=r\cdot 4!$,因此 $r=\frac{1}{525}$,由此得误差公式

$$E(f)=\frac{1}{525}f^{(4)}(\eta)$$

注:在本节之初曾说明:"由 $n+1$ 个节点构造的内插求积公式的代数精度至少是 n". 而例 4.8 与 4.9 则说明,具有 $n+1$ 个节点的数值积分公式的代数精度可达 $2n+1$. 这一类积分公式称为 Gauss 型求积公式.

4.1.6 样条函数的应用

根据样条函数公式(3.25)

$$s_k(x)=\frac{M_{k-1}}{6}\frac{(x_k-x)^3}{h_k}+\frac{M_k}{6}\frac{(x-x_{k-1})^3}{h_k}+(y_{k-1}-M_{k-1}\frac{h_k^2}{6})\frac{x_k-x}{h_k}$$
$$+(y_k-M_k\frac{h_k^2}{6})\frac{x-x_{k-1}}{h_k}$$

由已知节点(x_k,y_k),$k=0,1,\cdots,n$,〈及边界条件〉,可得

$$I(f)\approx Q(f)=\sum_{k=1}^{n}\int_{x_{k-1}}^{x_k} s_k(x)\mathrm{d}x=\sum_{k=1}^{n}\left\{\frac{h_k}{2}(y_{k-1}+y_k)-\frac{h_k^3}{24}(M_{k-1}+M_k)\right\} \tag{4.19}$$

误差估计:将本公式与 Simpson 公式比较,为此而得到该区间中点的函数值它由样条函数公式取得

$$s_k(\frac{x_{k-1}+x_k}{2})=\frac{1}{2}(y_{k-1}+y_k)-\frac{h_k^2}{16}(M_{k-1}+M_k)\approx y(\frac{x_{k-1}+x_k}{2})$$

按 Simpson 公式,可得

$$\int_{x_{k-1}}^{x_k} y(x)\mathrm{d}x\approx\frac{h_k}{6}[y(x_{k-1})+4y(\frac{x_{k-1}+x_k}{2})+y(x_k)]$$
$$\approx\frac{h_k}{6}[y(x_{k-1})+4s_k(\frac{x_{k-1}+x_k}{2})+y(x_k)]$$
$$=\frac{h_k}{2}(y_{k-1}+y_k)-\frac{h_k^3}{24}(M_{k-1}+M_k)$$

这说明,利用样条插值函数所构造的求积公式得到的值与利用 Simpson 公式导出的积分的近似值相同.因此,这两者的精度一致,即利用样条插值函数所构造的求积公式的精度为 $O(h^4)$.

4.2　数值微分

4.2.1　插值公式方法

数值导数与数值积分类似,也是寻求由若干给定节点上的函数值的某种组合形成一个近似计算导数的数值公式.数值导数公式的基本来源仍是插值公式.

为了方便求得公式的误差表达式,需要先引入一个公式:

$$\frac{d}{dx}f[x_0,x_1,\cdots,x_n,x]=f(x_0,x_1,\cdots,x_n,x,x). \tag{4.20}$$

证明:由导数定义和差商定义

$$\begin{aligned}\frac{d}{dx}f(x_0,x_1,\cdots,x_n,x)&=\lim_{\Delta x\to 0}\frac{f[x_0,x_1,\cdots,x_n,x+\Delta x]-f[x_0,x_1,\cdots,x_n,x]}{\Delta x}\\&=\lim_{\Delta x\to 0}f[x_0,x_1,\cdots,x_n,x+\Delta x,x]=f[x_0,x_1,\cdots,x_n,x,x]\end{aligned}$$

类似的,有二阶导数公式

$$\begin{aligned}&\frac{d^2}{dx^2}f[x_0,x_1,\cdots,x_n,x]=\frac{d}{dx}f[x_0,x_1,\cdots x_n,x,x]\\&=\lim_{\Delta x\to 0}\frac{f[x_0,x_1,\cdots,x_n,x+\Delta x,x+\Delta x]-f[x_0,x_1,\cdots,x_n,x,x]}{\Delta x}\\&=\lim_{\Delta x\to 0}\frac{f[x_0,x_1,\cdots,x_n,x+\Delta x,x+\Delta x]-f[x_0,x_1,\cdots,x_n,x+\Delta x,x]}{\Delta x}\\&\quad+\lim_{\Delta x\to 0}\frac{f[x_0,x_1,\cdots,x_n,x+\Delta x,x]-f[x_0,x_1,\cdots,x_n,x,x]}{\Delta x}\\&=\lim_{\Delta x\to 0}f[x_0,x_1,\cdots,x_n,x,x+\Delta x,x+\Delta x]+\lim_{\Delta x\to 0}f[x_0,x_1,\cdots,x_n,x,x,x+\Delta x]\\&=2f[x_0,x_1,\cdots,x_n,x,x,x]\end{aligned}$$

同样,有 $\frac{d}{dx}f[x_0,x_1,\cdots,x_n,\overbrace{x,\cdots,x}^{m}]=mf[x_0,x_1,\cdots,x_n,\overbrace{x,\cdots,x}^{m+1}]$ 等等.由此可得高阶导数公式:

$$\frac{d^{(m)}}{dx^{(m)}}f[x_0,x_1,\cdots,x_n,x]=m!\,f[x_0,x_1,\cdots,x_n,\overbrace{x,\cdots,x}^{m+1}] \tag{4.21}$$

等等.如果将此处得到的公式与差商性质 2 作一简单比较,容易看出,两者是完全相同的.

(1) 2 点数值导数计算公式

两点插值多项式(Newton 形式)及其误差

$$f(x)=f(x_0)+f[x_0,x_1](x-x_0)+f[x_0,x_1,x](x-x_0)(x-x_1)$$

对此函数关于 x 求导，得

$$f'(x)=f[x_0,x_1]+\{f[x_0,x_1,x,x](x-x_0)(x-x_1)+f[x_0,x_1,x](2x-x_0-x_1)\}$$

在上式中代入 x_0、x_1 便得

$$f'(x_0)=\frac{f(x_1)-f(x_0)}{x_1-x_0}-\frac{f''(\xi_1)}{2}(x_1-x_0) \tag{4.22}$$

$$f'(x_1)=\frac{f(x_1)-f(x_0)}{x_1-x_0}+\frac{f''(\xi_2)}{2}(x_1-x_0) \tag{4.23}$$

由上式的推导可见，当 $x_0\leqslant x\leqslant x_1$ 且 $f''(x)$ 有界时，$f[x_0,x_1]=\dfrac{f(x_1)-f(x_0)}{x_1-x_0}$ 是导数 $f'(x)$ 的良好近似. 这一点，实际上可以从微积分中介绍的微分中值定理就得到反映.

(2) 3 点数值导数计算公式

取等距节点 x_0,x_1,x_2，记 $x_1-x_0=x_2-x_1=h$. 由三点插值多项式及其误差可知：

$$f(x)=f(x_0)+f[x_0,x_1](x-x_0)+f[x_0,x_1,x_2](x-x_0)(x-x_1)+f[x_0,x_1,x_2,x]\omega(x)$$

其中 $\omega(x)=(x-x_0)(x-x_1)(x-x_2)$. 求此函数的导数，可得

$$f'(x)=f[x_0,x_1]+f[x_0,x_1,x_2](2x-x_0-x_1)+f[x_0,x_1,x_2,x,x]\omega(x)+f[x_0,x_1,x_2,x]\omega'(x)$$

分别代入 x_0,x_1,x_2，注意到

$$f[x_0,x_1,x_2]=\frac{\dfrac{f(x_2)-f(x_1)}{x_2-x_1}-\dfrac{f(x_1)-f(x_0)}{x_1-x_0}}{x_2-x_0}=\frac{f(x_0)-2f(x_1)+f(x_2)}{2h^2}$$

便得以下用到 3 点的一阶导数公式

$$f'(x_0)=\frac{1}{2h}[-3f(x_0)+4f(x_1)-f(x_2)]+\frac{h^2}{3}f'''(\xi_0) \tag{4.24}$$

$$f'(x_1)=\frac{1}{2h}[-f(x_0)+f(x_2)]-\frac{h^2}{6}f'''(\xi_1)] \tag{4.25}$$

$$f'(x_2)=\frac{1}{2h}[f(x_0)-4f(x_1)+3f(x_2)]+\frac{h^2}{3}f'''(\xi_2) \tag{4.26}$$

若对前面三点的插值多项式求二阶导数，由于

$$f''(x)=2f[x_0,x_1,x_2]+2f[x_0,x_1,x_2,x,x,x]\omega(x)+2f[x_0,x_1,x_2,x,x]\omega'(x)+f[x_0,x_1,x_2,x]\omega''(x)$$

又由 $\omega''(x)=2[(x-x_0)+(x-x_1)+(x-x_2)]$，在上式中分别代入 x_0,x_1,x_2 后，可得

$$f''(x_0)=\frac{1}{h^2}[f(x_0)-2f(x_1)+f(x_2)]-hf'''(\xi_0)+\frac{h^2}{6}f^{(4)}(\tilde{\xi}_0) \tag{4.27}$$

$$f''(x_1)=\frac{1}{h^2}[f(x_0)-2f(x_1)+f(x_2)]-\frac{h^2}{12}f^{(4)}(\xi_1) \tag{4.28}$$

$$f''(x_2)=\frac{1}{h^2}[f(x_0)-2f(x_1)+f(x_2)]+hf'''(\xi_2)+\frac{h^2}{6}f^{(4)}(\tilde{\xi}_2) \tag{4.29}$$

由此可知，当 $x\in[x_0,x_2]$且 h 较小时，差商 $2f[x_0,x_1,x_2]$是导数 $f''(x)$的良好近似，这与差商性质 2 是完全相符合的. 不过，这 3 个公式的近似程度是不同的. 公式(4.27) (4.29) 的计算精度是 $O(h)$，就是说是 1 阶公式，而公式(4.28)的计算精度是 $O(h^2)$，是 2 阶公式.

4.2.2　Taylor 公式方法 (待定系数法)

在求数值导数时，总希望数值公式的误差小. 从公式的误差项看，(当误差项中的导数有界时)步长 h 越小误差也越小. 但另一方面，数值导数是一个除式，而且除数总是 h(或 $2h$、h^2)，它当然是一个小数；而被除数也是一个小数，而且是相近数相减. 例如求 $f''(x_1)$的近似值时，由于 $f''(x)$存在，$f(x)$必连续，当 h 小时，$f(x_0)+f(x_2)$与 $2f(x_1)$必为相近数，这两个相近数在浮点数系内相减时将减损有效数位，再除以小数 h^2，必然会产生大误差. 因此，数值导数问题总是病态问题. 实际算例也证明，步长 h 并非越小越好，太小反而经常会产生大误差.

例 4.10　取 $f(x)=e^x$，按公式(4.22)：$f'(x)\approx\dfrac{f(x+h)-f(x)}{h}$，用不同步长，按 8 位有效数字计算在 $x=0$ 处的导数 $f'(0)$的近似值.

解　由于 $f'(x)=f(x)=e^x$，以下将数值微分计算结果与误差列成表 4.1

表 4.1　例 4.10 计算结果

h	$\dfrac{f(x+h)-f(x)}{h}$	误差
10^{-1}	1.0517092	-0.517092×10^{-1}
10^{-2}	1.0050163	-0.501630×10^{-2}
10^{-3}	1.0004937	-0.493700×10^{-3}
10^{-4}	1.0000169	-0.169000×10^{-4}
10^{-5}	0.99986792	0.133080×10^{-3}
10^{-6}	0.99837980	0.162220×10^{-2}
10^{-7}	0.10430813	0.89569187
10^{-8}	0	1

表 4.1 说明，当步长 h 大时，由公式误差已说明误差会比较大，但当 h 变得很

小时，误差又变得非常大，这就是由于数值导数总是病态问题所导致的结果. 因此步长 h 应取得适中，才能得到较满意的结果. 但若比较不同误差阶的公式，就可以看到，要达到同样的误差界，高阶方法的步长就可以大一些. 这样，相近数相减、除以小数字的情况都会有所好转.

因此，为实现计算的误差尽可能小，应采用误差项中 h 的幂次高的方法，即高阶公式. 但通常的高阶公式都比较复杂，“外推法”是另一类由简单公式导出且容易计算的高阶公式的方法. 应用该方法时，需要先导出能比较准确地描述误差项的数值导数公式. 为此先介绍利用 Taylor 展开式导出数值导数公式的一种方法. 以下通过例题介绍这一方法.

例 4.11 确定如下数值导数公式的系数及其误差

$$f''(x)=Af(x-h)+Bf(x)+Cf(x+h)+E(f)$$

解 根据 Taylor 展开式

$$Af(x-h)=A[f(x)-hf'(x)+\frac{h^2}{2}f''(x)-\frac{h^3}{6}f'''(x)+\frac{h^4}{4!}f^{(4)}(x)-\frac{h^5}{5!}f^{(5)}(x)+O(h^6)$$

$$Bf(x)=Bf(x)$$

$$Cf(x+h)=C[f(x)+hf'(x)+\frac{h^2}{2}f''(x)+\frac{h^3}{6}f'''(x)+\frac{h^4}{4!}f^{(4)}(x)+\frac{h^5}{5!}f^{(5)}(x)+O(h^6)]$$

由于期望 $Af(x-h)+Bf(x)+Cf(x+h)\approx f''(x)$，比较系数，可要求

$$0=A+B+C$$

$$0=-A\quad +C$$

$$1=A\frac{h^2}{2}\quad +C\frac{h^2}{2}$$

解此方程组得到：$A=C=\frac{1}{h^2}$，$B=-\frac{1}{h^2}$；将此 A、B、C 代入上面的 Taylor 展开式，并相加，便得

$$\frac{1}{h^2}[f(x-h)-2f(x)+f(x+h)]=f''(x)+\frac{h^2}{12}f^{(4)}(x)+\frac{2h^4}{6!}f^{(6)}(x)+O(x^6)$$

写成原问题要求的形式，就得到

$$f''(x)=\frac{1}{h^2}[f(x-h)-2f(x)+f(x+h)]-\frac{h^2}{12}f^{(4)}(x)-\frac{2h^4}{6!}f^{(6)}(x)+O(h^6) \quad (4.30)$$

仿此例，可以得到其他类似的数值导数公式. 因为这种方法用 Taylor 展开式推导得到，因此被称为 Taylor 公式方法. 又由于方法是根据已有公式形式，利用代数方程确定所要求的系数，因此它也被称为待定系数法.

将所得到的公式(4.30)与公式(4.28)作简单比较就可以知道，不同方法推导得到的 2 阶导数的数值公式完全一样，仅是误差的表示形式有所不同. (4.28)式的

误差表达式中用的是“某一点 ξ”上的导数 $f^{(4)}(\xi)$（这个点 ξ 一般是得不到的，从微积分的观点看，得到的仅是存在性，就是说存在这样的 ξ），而式(4.30)中误差的表达形式就比较明确，它明白地标明是在 x 处的 4 阶、6 阶导数（进一步也可以知道，若展开成更高阶的导数，也是在 x 点处取值）. 这样的公式就可以在下节利用“外推法”对不同步长的同一公式进行比较、运算，得到具有更高精度的数值导数公式.

4.4.3 外推法

外推法是一种利用不同步长的同一个（或若干个）算法公式进行适当的组合，在不增加函数计算量的条件下，获得比原公式计算精度更高的算法公式一种方法. 在前节中介绍的 Romberg 积分方法就是一种外推方法. 下面仍用一个例子介绍这种方法.

在由例 4.10 得到的公式(4.30)中，若记

$$D(h)=\frac{1}{h^2}[f(x-h)-2f(x)+f(x+h)]$$

由公式的推导可得步长分别为 $h,\frac{h}{2}$ 时这个公式的误差

$$f''(x)-D(h)=-\frac{h^2}{12}f^{(4)}(x)-\frac{2h^4}{6!}f^{(6)}(x)-\frac{2h^6}{8!}f^{(8)}(x)+O(h^8)$$

及

$$f''(x)-D(\frac{h}{2})=-\frac{h^2}{4\times 12}f^{(4)}(x)-\frac{h^4}{2^3\times 6!}f^{(6)}(x)-\frac{h^6}{2^5\times 8!}f^{(8)}(x)+O(h^8)$$

注意到前后两式是同一个公式，只是步长不同，而两者误差的第 1 项只相差一个倍数 4，因此可以通过对两者适当的组合，使误差中 $h^2f^{(4)}(x)$ 项的系数为 0. 实现方法：将后式乘 4 后减去前式，便得

$$4[f''(x)-D(\frac{h}{2})]-[f''(x)-D(h)]=\frac{3h^4}{2\times 6!}f^{(6)}(x)-\frac{15h^6}{2^3\times 8!}f^{(8)}(x)+O(h^8)$$

从而有：

$$f''(x)-\frac{4D(\frac{h}{2})-D(h)}{3}=\frac{h^4}{2\times 6!}f^{(6)}(x)-\frac{5h^6}{2^3\times 8!}f^{(8)}(x)+O(h^8)$$

记计算 $f''(x)$ 的新的近似公式

$$\overline{D}(h)=\frac{4D(\frac{h}{2})-D(h)}{3} \tag{4.31}$$

显然，用该公式计算 $f''(x)$ 的精度达到 $O(h^4)$. 这说明由原精度为 $O(h^2)$ 的公式 $D(h)$ 经适当组合后精度可以提高 2 阶使精度达到 $O(h^4)$. 仿照这一过程，还可再

进一步用 $\overline{D}(h)$ 和 $\overline{D}(\frac{h}{2})$ 适当组合，精度会进一步提高，记

$$\overline{\overline{D}}(h)=\frac{4^2\overline{D}(\frac{h}{2})-\overline{D}(h)}{4^2-1}$$

则会有 $f''(x)-\overline{\overline{D}}(h)=O(h^6)$.

这一类方法统称为外推法，它通过对已有的数值公式的适当组合，可以达到较高的计算精度. 在数值计算中，经常采用外推法通过对低阶公式进行适当组合获得高阶公式，从而在实际计算中，可以用相对较大的步长得到比较高的精确度.

小　结

数值积分和数值微分的方法一般都是用函数在某些点上的函数值(数值积分可能用到导数值)的适当组合去近似理论上的积分或导数值. 它们的构造原理是：以函数本身的近似多项式替代函数进行积分或求导.

数值积分：用积分区间上的点为插值节点导出插值多项式引出的求积公式称为“内插求积公式”；特别，当节点等距分布时就称为“Newton-Cotes 公式”；其中等分区间为 1、2、4、8 则分别称为梯形、Simpson、Cotes、Romberg 公式. 由于当积分区间大，等分数少会使求积公式的误差变大，而由插值多项式的性质又知道过多的插值节点可能会导致高阶导数性质变差，插值多项式的误差变大，因此利用积分区间的可加性，导出“复化求积”公式；而通过与半步长复化公式的比较，一方面可以得到误差估计，另一方面通过误差补偿可以得到“Romberg 方法”. 又从对不超过 n 次多项式用 $n+1$ 点插值得到的插值多项式就是自身，即余项为零可知：$n+1$ 点的插值型求积公式的代数精度至少为 n，而由此代数精度的概念也可以得到“待定系数法”——用积分与数值积分等式成立所形成的方程确定系数，并由确定的代数精度对应误差的一般形式也容易求得数值积分的误差公式.

数值微分：除了用相邻点导出插值多项式求导得到公式外，也可以用比较函数的 Taylor 展开获得数值导数的公式，而后者得到的公式误差的表示形式相对比较精细，在此基础上可以通过与半步长的公式比较与低阶误差项的消减获得计算精度更高的公式，这就是“外推法”.

习　题

1. 证明:数值积分公式

$$Q(f)=\sum_{i=0}^{n}A_i f(x_i)$$

若对 $g_k(x)=x^k,k=0,1,\cdots,m$ 成立 $I(g_k)=Q(g_k),k=0,1,\cdots,m$,则对任何不超过 m 次的多项式 $p_m(x)$ 总有 $I(p_m)=Q(p_m)$.

2. 以 $T_N(f)$ 和 $S_N(f)$ 分别记复化梯形公式和复化 Simpson 公式,试确定使以下等式成立的整数 k 的最大数值

(1) $I(x^j)=T_N(x^j),j=0,1,\cdots,k$

(2) $I(x^j)=S_N(x^j),j=0,1,\cdots,k$

3. 试导出中矩形公式

$$\int_a^b f(x)\mathrm{d}x=(b-a)f\left(\frac{a+b}{2}\right)+\frac{(b-a)^3}{24}f''(\eta),a<\eta<b$$

4. 用复化梯形公式、复化 Simpson 公式和 Romberg 方法计算以下积分,使误差不超过 10^{-4}.

(1) $\int_0^1\frac{\mathrm{d}x}{1+x}$　(2) $\int_{-1}^2\sin 5x\mathrm{d}x$　(3) $\int_0^2 \mathrm{e}^{\cos x}\mathrm{d}x$

(4) $\int_0^2\sqrt{1-0.25\sin^2 x}\mathrm{d}x$　(5) $\int_0^{\frac{\pi}{2}}\frac{\sin x}{1+x^2}\mathrm{d}x$

5. 利用 $\int_1^4\frac{1}{x}\mathrm{d}x$ 可计算 ln2,若采用复化梯形公式或复化 Simpson 公式计算 $\int_1^4\frac{1}{x}\mathrm{d}x$,要使结果有 5 位有效数字,步长 h 应分别如何取?并请给出相应的误差估计.

6. 确定以下求积公式的系数和节点(如果需要的话),使公式具有尽可能高的代数精度,并给出此时公式的误差.

(1) $\int_{-1}^1 f(x)\mathrm{d}x\approx Af(0)+Bf'(0)$

(2) $\int_{-1}^1 f(x)\mathrm{d}x\approx Af(-\frac{1}{2})+Bf(0)+Cf(\frac{1}{2})$

(3) $\int_0^{2h} f(x)\mathrm{d}x\approx Af(0)+Bf(h)+Cf(2h)$

(4) $\int_0^h f(x)\mathrm{d}x\approx Af(0)+Bf'(0)+Cf(h)+Df'(h)$

(5) $\int_{-1}^{1} f(x)\mathrm{d}x \approx Af(x_1) + Bf(x_2)$

7. 对函数 $f(x)=(1+x)^{-2}$，取步长 $h=0.01$，$h=0.0001$ 用公式(4.22)计算 $f'(1.0)$，并估计误差(在 $F(10,5,-5,6)$ 中运算).

8. 证明数值微分公式

$$f'(x)\approx\frac{1}{12}[f(x-2h)-8f(x-h)+8f(x+h)-f(x+2h)]$$

对不超过 4 次的多项式函数 $f(x)$ 是精确的.

9. 确定如下数值微分公式的系数，使公式对尽可能高次的多项式精确成立，并给出误差表达式：

$$f''(x)\approx Af(x)+Bf(x+h)+Cf(x+2h)$$

10. 用外推法公式(4.31)计算 $f(x)=\mathrm{e}^{\cos x}$ 在 $x=\frac{\pi}{2}$ 处的导数 $f'(x)$ 的值，使误差不超过 10^{-4}.

第5章 非线性方程求解

5.1 解一元方程的迭代法

本章简单介绍解一元非线性方程

$$f(x)=0 \tag{5.1}$$

的一些基本方法. 为方便计,方程的准确解总记为 x^*. 与线性方程组有所不同,非线性方程基本上没有直接解法. 众所周知,一元二次实系数多项式方程有求根公式,3次、4次多项式方程也有求根公式,当然它们要复杂得多. 但对于4次以上的多项式方程已经不可能再有有限形式的求解公式了,这在19世纪20年代已由阿贝尔(Abel)和伽罗华(Galois)解决了. 对于一般的非线性方程,更不可能有直接解法. 因此解非线性方程一般都采用迭代法.

迭代法要求首先将原始形式的方程 $f(x)=0$ 转化形成等价的

$$x=\varphi(x) \tag{5.2}$$

形式的方程,随后就与线性方程组的迭代法一样,从适当选取的初值 x_0 开始,将 x_0 代入函数 $\varphi(x)$ 计算得到 x_1,再将 x_1 代入函数 $\varphi(x)$ 计算得到 x_2;一般地,将 x_k 代入函数 $\varphi(x)$,经过计算就得到 $x_{k+1}=\varphi(x_k)$,这样逐次"迭代"产生序列 $\{x_k\}$. 如果序列 $\{x_k\}$ 收敛于 x^*,则当 $\varphi(x)$ 连续时,由连续函数的性质必有 $\varphi(x^*)=x^*$,即:x^* 是方程 $x=\varphi(x)$ 的解,也就是 $f(x)=0$ 的解.

通常称方程(5.2)为"不动点方程". 这是因为对于在 φ 的定义域中的 x,函数 φ 将它映射为 $\varphi(x)$,如果 x 不是方程 $x=\varphi(x)$ 的解,则 $\varphi(x)\neq x$,也就是说,x 经过 φ 的映射后发生了变化,而若 $\varphi(x^*)=x^*$,则说明点 x^* 经过 φ 的映射没有发生变化,或者说点 x^* 没有动,这个 x^* 就被称为函数(或"映射")φ 的"不动点".

与线性方程组的迭代法几乎完全相同,用迭代法解方程(5.1)也需要解决4个问题:

问题① 如何将一般形式的方程 $f(x)=0$ 转化为等价方程 (5.2)或其他适合于迭代的方程形式?

问题② 对于由给定初值 x_0(或更多的 x_1,x_2 等),迭代产生的序列 $\{x_k\}$ 是否收敛? 如何判断迭代的收敛性?

问题③ 序列 $\{x_k\}$ 的收敛性与初值的选取是否相关?

问题④ 如果迭代序列$\{x_k\}$收敛，如何估计误差$|x^*-x_k|$，即对于给定的误差界ε，如何判断$|x^*-x_k|\leqslant\varepsilon$是否得到满足，由此确定迭代是否可以终止.

注：当迭代函数φ为一元函数，且与迭代步k无关时，迭代$x_{k+1}=\varphi(x_k)$称为简单迭代. 这时候只需要有初值x_0迭代就可以执行. 有一些更复杂的迭代法的迭代函数是多元函数（如下面将要介绍的"割线法"），这些方法需要2个或2个以上的初值才能进行迭代. 本章主要介绍简单迭代法.

5.1.1 简单迭代法

本小节通过两个简单示例介绍将方程$f(x)=0$转化为不动点方程$x=\varphi(x)$后，迭代可能出现的一些情况.

例 5.1 解方程$f(x)=x+e^x-2=0$ ($x^*=0.44285440\cdots$)

解 根据方程的结构，将方程改写成两个不同形式的等价方程：$x=2-e^x$和$e^x=2-x$，由此便得到两个迭代函数：$\varphi_1(x)=2-e^x$，$\varphi_2(x)=\ln(2-x)$，与之相应有两种不同的迭代. 取初值为0，迭代结果如下：

方法1，迭代 $x_{k+1}=2-e^{x_k}$	方法2，迭代 $x_{k+1}=\ln(2-x_k)$
取 $x_0=0$，则	取初值 $x_0=0$，则
$x_1=1$	$x_1=0.6931472$
$x_2=-0.718283$	⋮
$x_3=1.512411$	$x_4=0.3719117$
$x_4=-2.537638$	⋮
$x_5=1.920939$	$x_{33}=0.4428546$
$x_6=-4.827435$	$x_{34}=0.4428543$
不收敛	

由例5.1可以知道，同样的初值对于同一问题的不同的迭代方法，可能收敛，也可能不收敛. 所以收敛与否肯定与迭代函数φ的构造有关.

例 5.2 解方程$f(x)=x-e^x+2=0$ ($x^*=-1.84140607...$，$x^{**}=1.14619326...$)

解 根据方程的结构，将方程改写成两个不同形式的等价方程：$x=e^x-2$和$e^x=x+2$，由此便得到两个迭代函数：$\varphi_1(x)=e^x-2$，$\varphi_2(x)=\ln(x+2)$，与之相应有两种不同的迭代方法，取不同的初值，迭代结果如下.

方法1，迭代$x_{k+1}=e^{x(k)}+2$，取不同的初值：

$x_0=-1$	$x_0=0$	$x_0=1.2$
$x_1=-1.632120$	$x_1=-1$	$x_1=1.4817$
⋮	⋮	$x_2=9.96145$
$x_{11}=-1.84140566$	$x_{13}=-1.84140566$	$x_3=21191.5$
		不收敛

方法 2，迭代 $x_{k+1}=\ln(x_k+2)$，取不同初值：

$x_0=0$	$x_0=1.5$	$x_0=-1.9$
$x_1=0.693147$	$x_1=1.252763$	$x_1=-2.302585$
⋮	⋮	超出定义域
$x_{14}=1.146193$	$x_{15}=1.146193$	

从例 5.2 可以知道，解非线性方程的迭代法的收敛性，不仅与迭代函数有关，而且与所选择的初值有关！进一步的分析可知，对于迭代 1，当选择的初值 $x_0<x^{**}$ 时，迭代总收敛于 x^*，当初值 $x_0>x^{**}$ 时，迭代总不收敛；而对于迭代 2，当选择的初值 $x_0>x^*$ 时，迭代总收敛于 x^{**}，当初值 $x_0<x^*$ 时，迭代总不收敛.

由此可知，非线性方程的迭代法与线性方程组迭代法的收敛性的一个突出的不同点是：线性问题的收敛性与初值无关，而非线性问题的收敛性与初值相关. 因此在解非线性问题时，对于收敛的算法不仅要给出迭代方法，而且要明确初值如何选取.

5.1.2　Newton 迭代法

例 5.1，例 5.2 的迭代函数都是根据所讨论的函数直接做简单变换得到的，这样得到的迭代函数的方法没有普遍性，无法广泛应用. 因此要寻求一些可以被广泛应用的根据函数 f 构造迭代迭代函数 φ 的方法. Newton 法就是一种被广泛采用的迭代法，可以说它是大部分解析方法和传统方法的基础.

解非线性方程的一个基本思路是“局部线性化”，Newton 法就是通过在 x^* 的邻近对 $f(x)$ 局部线性化得到的.

设 x^* 的第 k 次近似 x_k 已知，考虑在 x_k 的邻近对 $f(x)$ 局部线性化：用仅依赖 $f(x_k)$，$f'(x_k)$ 信息生成的线性函数 $l_k(x)=a+bx$（在 x_k 的邻近）局部替代 $f(x)$，这个 $l_k(x)$ 就是 $f(x)$ 的局部线性化函数；然后，以方程 $l_k(x)=a+bx=0$ 的解 x_{k+1} 为 $f(x)$ 的零点的新近似，这样产生 x_{k+1} 的迭代法就是 Newton 法. 为此，令

$$l_k(x_k)=ax_k+b=f(x_k)$$

$$l_k'(x_k)=a=f'(x_k)$$

容易解得：$a=f'(x_k)$，$b=f(x_k)-f'(x_k)x_k$，由此得到

$$l_k(x)=f(x_k)+f'(x_k)(x-x_k) \tag{5.3}$$

解线性方程

$$l_k(x)=f(x_k)+f'(x_k)(x-x_k)=0 \tag{5.4}$$

得到的点记作 x_{k+1}

$$x_{k+1}=x_k-\frac{f(x_k)}{f'(x_k)} \tag{5.5}$$

这就是 Newton 迭代法.可以看到 Newton 迭代法的迭代函数是

$$N(x)=x-\frac{f(x)}{f'(x)} \tag{5.6}$$

事实上,线性函数(5.3)就是通过点$(x_k,f(x_k))$,并在 x_k 处满足导数插值条件 $f'(x_k)$的 Newton 插值多项式.因此方程(5.4)也被称为 Newton 方程.

另一种解释:$f(x)$在 x^* 的一个近似 x_k 处的 Taylor 展开式为

$$f(x)=f(x_k)+f'(x_k)(x-x_k)+\frac{1}{2}f''(\xi_k)(x-x_k)^2$$

设 $f''(x)$在 x^* 邻近有界,由于 x 在 x_k 邻近时$(x-x_k)^2$ 是二阶无穷小量,因此可以略去二次项.记

$$l(x)=f(x_k)+f'(x_k)(x-x_k)$$

则 $f(x)\approx l(x)$(这仍是 Newton 插值多项式),以 $l(x)=0$ 代替原方程 $f(x)=0$,即:

$$l(x)=f(x_k)+f'(x_k)(x-x_k)=0$$

这就是 Newton 方程,解出 x_{k+1}便是 Newton 迭代.

从迭代计算式可知,当 $f(x)$,$f'(x)$连续,由 x_0 出发,Newton 迭代生成的序列$\{x_k\}$若收敛于 x^*,且 $f'(x^*)\neq 0$,则必有 $f(x^*)=0$,即 x^* 是 $f(x)=0$ 的解,也是迭代函数 $N(x)$的不动点.

例 5.3 用 Newton 迭代法解例 5.1 的方程

$$f(x)=x+e^x-2=0\ (x^*=0.44285440\cdots)$$

解 由函数得 Newton 迭代计算式:$x_{k+1}=x_k-\dfrac{x_k+e^{x_k}-2}{1+e^{x_k}}$,

取初值 $x_0=0$,计算得

$x_1=0.5, x_2=0.44385167, x_3=0.44285470, x_4=0.44285440\approx x^*$;

注:Newton 迭代法仅用 4 步就达到例 5.1 中方法 2 迭代 34 步得到的结果.显然比例 5.1 中的收敛方法要快得多.

例 5.4 用 Newton 迭代法解例 5.2 的方程

$$f(x)=x-e^x+2=0\ (x^*=-1.84140607\ldots, x^{**}=1.14619326\ldots)$$

解 由函数得 Newton 迭代计算式:$x_{k+1}=x_k-\dfrac{x_k-e^{x_k}+2}{1-e^{x_k}}$,

取初值 1:$x_0=-1$,计算得

$$x_1=-2, x_2=-1.84348236, x_3=-1.84140607\approx x^*$$

取初值 2:$x_0=1$,计算得

$$x_1=1.16395341\quad x_2=1.14642119\quad x_3=1.14619326\approx x^{**}$$

注:Newton 迭代法仅用 3 步就达到例 5.2 中迭代 13 步或 15 步得到的结果.

显然收敛到方程的解要快得多. 其次,用同一个 Newton 迭代,用与解比较相近的初值 Newton 迭代能收敛到相应的解.

Newton 迭代的几何意义:

从式(5.3)、(5.4)知道,x_{k+1}是直线(5.3)与 x 轴的交点,而从构造来源知道,(5.3)是曲线 $y=f(x)$在点$(x_k,f(x_k))$处的切线,因此 Newton 迭代的几何意义是(参见图 5.1):已知近似 x_k 后,以在 x_k 的邻近作 $f(x)$的局部近似的切线,将切线与 x 轴的交点 x_{k+1}作为 $f(x)$与 x 轴的交点 x^* 新的近似.

Newton 迭代的优点:收敛快,并具有"自修正性".

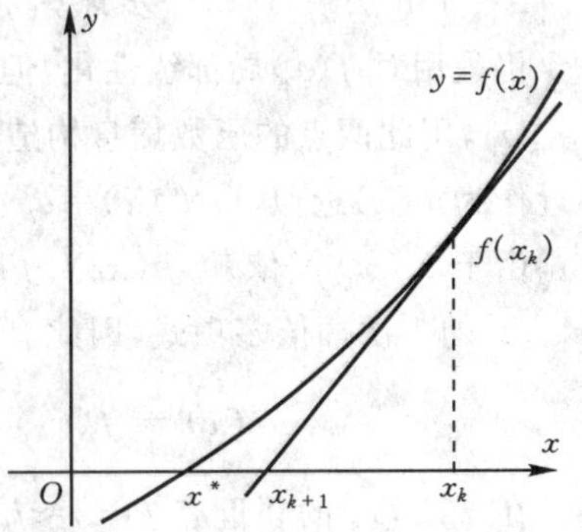

图 5.1

收敛快可以从例 5.3 和例 5.4 知道,但是仅从迭代步数少,还不能下结论. 在 5.2.3 节将给出准确的收敛速度的定义,可以知道 Newton 迭代确是一个收敛速度高的迭代算法."自修正性"是指计算误差对 Newton 迭代的干扰小,当 x_k 在使该 Newton 迭代收敛的某个区域内以后,在随后逐步计算中发生的误差基本上不会影响迭代的收敛性.

Newton 迭代的缺点:每步需计算 $f'(x_k)$,初值要求在解的邻近.

Newton 迭代每一步都需要计算导数 $f'(x_k)$,当函数 f 的表达式不太复杂时,计算导数的工作量还不大,但在许多情况下 $f'(x_k)$的计算可能相当复杂,有时候 f 本身的构造就很复杂,甚至没有明确的或有限的表达形式,这就可能要用其他方法计算 $f'(x_k)$,对于一元方程,问题还不太严重,对于非线性方程组,这一问题将变得相当严重,因为那时候不仅是导函数计算的难度问题,而且导函数计算量也会变得非常大. 此外,解非线性方程 Newton 迭代对初值的要求很高,一般都要求初值 x_0 在解 x^* 的邻近,否则迭代可能就不收敛.

缺点"计算 $f'(x_k)$"的解决方案之一:充分利用已得的 $f'(x_k)$.

简化 Newton 法——固定 $f'(x_0)$

$$x_{k+1}=x_k-\frac{f(x_k)}{f'(x_0)} \tag{5.7}$$

算法的基本思想是:既然导数 $f'(x_0)$已经得到,就充分、反复地利用.

例 5.5　用简化 Newton 法解例 5.1 的方程

$$f(x)=x+e^x-2=0(x^*=0.44285440\cdots)$$

解　此时简化 Newton 迭代

$$x_{k+1}=x_k-\frac{x_k+e^{x_k}-2}{1+e^{x_0}}$$

取初值 $x_0=0$,迭代计算如下

$x_1=0.5, x_2=0.45623937, x_3=0.44753533, \cdots x_{15}=0.44285440\approx x^*$

从此例可见,简化 Newton 法的计算比 Newton 法简单,但是有得就有失,算法失去的是收敛的速度,Newton 法 4 步得到的近似值,简化 Newton 法要 15 步才能得到.使用者可以自己衡量得失,考虑用哪个方法.

5.1.3 割线法

Newton 法缺点"每一步计算 $f'(x_k)$"的解决方案之二.

仍采用对 $f(x)$局部线性化,但此处的基础是:已知原方程的解 x^* 的两个近似 x_{k-1}、x_k,用此两点的函数信息构造线性函数 $l_k(x)=a+bx$,在近似解 x_{k-1}、x_k 的邻近作为 $f(x)$近似,以 $l_k(x)=ax+b=0$ 的解 x_{k+1}作为新的近似,这就是割线法.

由于 $l_k(x)$仅依赖 $f(x_k)$、$f(x_{k-1})$信息,就是通过$(x_k,f(x_k))$与$(x_{k-1},f(x_{k-1}))$的 1 次插值多项式,因此有

$$l_k(x)=f(x_k)+\frac{f(x_k)-f(x_{k-1})}{x_k-x_{k-1}}(x-x_k) \tag{5.8}$$

显然在 x_{k-1}, x_k 的邻近有 $f(x)\approx l_k(x)$.求直线 $y=l_k(x)$与 x 轴的交点,即解方程 $l_k(x)=0$ 便得到

$$x_{k+1}=x_k-\frac{x_k-x_{k-1}}{f(x_k)-f(x_{k-1})}f(x_k)=\frac{x_{k-1}f(x_k)-x_kf(x_{k-1})}{f(x_k)-f(x_{k-1})} \tag{5.9}$$

此处右端的表达式是将中间的结果作一恒等变形,以使算式有较好的稳定性.割线法的几何意义十分明显,它就是以通过$(x_k,f(x_k))$与$(x_{k-1},f(x_{k-1}))$的割线与 x 轴的交点 x_{k+1},作为 $f(x)=0$ 的新近似,所以有割线法之称.

从(5.9)式也可以看到,割线法实际上就是将 Newton 法(5.6)中的导数用差商替换了,也就是用两点的数值导数替代导数,所以割线法也称"离散 Newton 法".

另外,请注意割线法已经不再是简单迭代法了,因为它的迭代函数是 2 元函数.算法要启动必须有两个初值点 x_0 和 x_1.实际计算时,通常取 x_0、x_1 满足 $f(x_0)f(x_1)<0$.由于"数值导数总是病态的",因此通常用(5.9)的后一式计算.

例 5.6 用割线法解例 5.1 的方程

$$f(x)=x+e^x-2=0\ (x^*=0.44285440\cdots)$$

解 此时割线迭代

$$x_{k+1}=\frac{x_{k-1}(x_k+e^{x(k)}-2)-x_k(x_{k-1}+e^{x(k-1)}-2)}{(x_k+e^{x_k})-(x_k+e^{x_k-1})}$$

取初值 $x_0=0, x_1=1$ 迭代结果如下:

$x_2=0.36787944, x_3=0.43005636, \cdots x_7=0.44285440 \approx x^*$

显然，割线法比 Newton 法略差，但比其他方法（包括简化 Newton 法）的效果都好. 在 5.2.4 节中将解释这一点.

5.1.4 区间方法

Newton 法缺点“初值要求在解的邻近”解决方案之一.

以下两种方法的原理完全一样，只是选择区间分段的方法有所不同. 它们有共同的目的：寻求含 x^* 的尽可能精确的区间. 要求条件：所讨论函数在相关区间上连续. 理论基础：由连续函数的介值定理，若连续函数在闭区间的两端函数值符号相反，则该函数在区间内至少有一个零点.

1. 二分法

算法：初始区间 $[a_0, b_0]$，$f(a_0)f(b_0) \leqslant 0$，则必有 $x^* \in [a_0, b_0]$，使 $f(x^*)=0$.

记区间中点 $x_0=\dfrac{a_0+b_0}{2}$，计算 $f(x_0)=f(\dfrac{a_0+b_0}{2})$；由 $f(x_0)$ 的符号确定新区间，原则是：1) 区间长度减半，2) x^* 在新区间内；

若 $f(a_0)f(x_0) \leqslant 0$，则 $a_1=a_0, b_1=x_0$；否则 $a_1=x_0, b_1=b_0$. 由此得到新区间 $[a_1, b_1]$；

一般，对于区间 $[a_k, b_k]$，记 $x_k=\dfrac{a_k+b_k}{2}$，计算 $f(x_k)=f(\dfrac{a_k+b_k}{2})$，比较数据：若 $f(a_k)f(x_k) \leqslant 0$，则 $a_{k+1}=a_k, b_{k+1}=x_k$；否则 $a_{k+1}=x_k, b_{k+1}=b_k$；由此得到新区间 $[a_{k+1}, b_{k+1}]$.

显然，每执行一步二分法，区间长度缩小 $\dfrac{1}{2}$. 经过 k 步二分后，区间长度为 $b_k-a_k=2^{-k}(b_0-a_0)$. 因此若事先确定的误差界为 ε，则当 $b_k-a_k \leqslant \varepsilon$ 时，可取 $\tilde{x}=\dfrac{1}{2}(a_k+b_k)$；

此时，可以取 $\tilde{x}$ 为近似解，即 $x^* \approx \tilde{x}$；也可以取 $\tilde{x}$ 作为更准确的方法的初值，例如取 $x_0=\tilde{x}$ 作为 Newton 迭代的初值.

2. 弦位法

算法：设初始区间 $[a_0, b_0]$，$f(a_0)f(b_0) \leqslant 0$，则必有 $x^* \in [a_0, b_0]$，使 $f(x^*)=0$.

一般地，对于区间 $[a_k, b_k]$，仿割线方法，取 $x_k=a_k-\dfrac{a_k-b_k}{f(a_k)-f(b_k)}f(a_k)$，确定新区间的原则是：$x^*$ 在新区间内；

若 $f(a_k)f(x_k) \leqslant 0$　则 $a_{k+1}=a_k, b_{k+1}=x_k$；否则 $a_{k+1}=x_k$；$b_{k+1}=b_k$.
由此得到新区间 $[a_{k+1}, b_{k+1}]$.

在执行 k 步弦位法后，可能出现有两种情况：1)区间长度 $b_k-a_k\leqslant\varepsilon$；2)在区间的端点上有 $|f(a_k)|\leqslant\varepsilon$，或 $|f(b_k)|\leqslant\varepsilon$. 在任一种情况下都可以终止弦位法. 在情况 1)取 $\tilde{x}=\frac{1}{2}(a_k+b_k)$，对于情况 2)取 $\tilde{x}=a_k$ 或 $\tilde{x}=b_k$，最终对所得到的 $\tilde{x}$ 与二分法产生的 $\tilde{x}$ 一样处理.

5.2 收敛性问题

5.2.1 简单迭代的收敛性

一个迭代法能否使用，取决于迭代是否收敛，只有收敛的迭代才有意义. 以下对简单迭代 $x_{k+1}=\varphi(x_k)$ 的收敛问题给出一个基本的定理.

定理 5.1 (压缩映象原理)设定义在区间 $[a,b]$ 上的函数 φ 满足条件

1) $\varphi(x)\in[a,b],\ \forall\, x\in[a,b]$； (5.10)

2) 存在常数 q，满足 $0\leqslant q<1$，使

$$|\varphi(x)-\varphi(y)|\leqslant q|x-y|,\ \forall\, x,y\in[a,b] \tag{5.11}$$

则 $\varphi(x)$ 在 $[a,b]$ 中有唯一的不动点 $x^*=\varphi(x^*)$，任取 $x_0\in[a,b]$，迭代 $x_{k+1}=\varphi(x_k)$ 生成的序列 $\{x_k\}$ 收敛于 x^*，且有估计

$$|x^*-x_k|\leqslant\frac{1}{1-q}|x_{k+1}-x_k|\leqslant\frac{q^k}{1-q}|x_1-x_0| \tag{5.12}$$

证明 定理的证明分为以下 6 部分

① $\{x_k\}\subset[a,b]$：由条件 1)可知，若 $x_0\in[a,b]$ 便有 $x_1=\varphi(x_0)\in[a,b]$；同理，由 $x_k\in[a,b]$ 可推得 $x_{k+1}=\varphi(x_k)\in[a,b]$；因此当 $x_0\in[a,b]$ 时，由迭代 $x_{k+1}=\varphi(x_k)$，$k=0,1,\cdots$ 生成的序列 $\{x_k\}\subset[a,b]$.

② $\varphi(x)$ 连续：由条件 2)，在式(5.11)中，令 $x\to y$，便有 $\varphi(x)\to\varphi(y)$，即 $\lim\limits_{x\to y}\varphi(x)=\varphi(y)$，这正是连续函数的定义.

③ 不动点存在：令 $\Psi(x)=x-\varphi(x)$，由于 $\varphi(x)$ 连续，因此 $\Psi(x)$ 也连续. 又由条件 1)可知 $\varphi(a)\in[a,b]$，$\varphi(b)\in[a,b]$；因此 $\Psi(a)=a-\varphi(a)\leqslant 0$；$\Psi(b)=b-\varphi(b)\geqslant 0$；由此可知必有 $x^*\in[a,b]$，使 $\Psi(x^*)=x^*-\varphi(x^*)=0$，即 $x^*=\varphi(x^*)$，即区间 $[a,b]$ 中存在 φ 的不动点 x^*；

④ 不动点唯一性：若另有不动点 $y^*=\varphi(y^*)\in[a,b]$，则由条件 2)

$$|x^*-y^*|=|\varphi(x^*)-\varphi(y^*)|\leqslant q|x^*-y^*|<|x^*-y^*|,$$

显然矛盾，因此不动点唯一；

⑤ 迭代序列 $\{x_k\}$ 收敛：设 $x_0\in[a,b]$，则由①已证 $\{x_k\}\subset[a,b]$，并由③不动点 x^* 存在，由条件 2)有

$$|x_k-x^*|=|\varphi(x_{k-1})-\varphi(x^*)|\leqslant q|x_{k-1}-x^*|\leqslant\cdots\leqslant q^k|x_0-x^*|$$

在上式中令 $k\to\infty$，因为 $0\leqslant q<1$，有 $\lim\limits_{k\to\infty}q^k=0$，由此可知 $\lim\limits_{k\to\infty}|x_k-x^*|=0$，即 $\lim\limits_{k\to\infty}x_k=x^*$；

⑥ 误差估计(5.12)：由 2)，若 $k\leqslant m$，则

$$|x_{m+1}-x_m|=|\varphi(x_m)-\varphi(x_{m-1})|\leqslant q|x_m-x_{m-1}|\leqslant\cdots\leqslant q^{m-k}|x_{k+1}-x_k|$$

特别

$$|x_{k+1}-x_k|\leqslant q^k|x_1-x_0|;$$

所以

$$\begin{aligned}|x_{m+1}-x_k|&=|(x_{m+1}-x_m)+(x_m-x_{m-1})+\cdots+(x_{k+1}-x_k)|\\&\leqslant|x_{m+1}-x_m|+|x_m-x_{m-1}|+\cdots|x_{k+1}-x_k|\\&\leqslant(q^{m-k}+q^{m-k-1}+\cdots+q+1)|x_{k+1}-x_k|\\&=\frac{1-q^{m-k}}{1-q}|x_{k+1}-x_k|\leqslant\frac{1-q^{m-k}}{1-q}q^k|x_1-x_0|\end{aligned}$$

令 $m\to\infty$，由 $q<1$ 及 $\{x_k\}$ 的收敛性：$\lim\limits_{m\to\infty}q^m=0$，$\lim\limits_{m\to\infty}x_m=x^*$，便得结论.

注 1：通常将称定理条件(5.10)为"适定性"，因为只有满足这一条件，迭代序列才能有意义，才能在具有一定性质的区间内；称条件(5.11)为"压缩性"，因为条件说明函数 φ 将点 x,y 映射到 $\varphi(x),\varphi(y)$ 后它们的"距离"被压缩了至少 q 倍.

注 2：压缩性条件(5.11)对于收敛性判断是一个十分重要的条件，但(5.11)条件的形式很难验证. 其次，要确定迭代是否可以终止，式(5.12)的第一式"后验估计"，第二式"先验估计"，两者都要用到压缩系数 q. 当迭代函数 φ 可微时，用下述推论无论是判断压缩性，还是确定 q 都十分方便.

推论 5.2　若 $\varphi(x)$ 在 $[a,b]$ 连续可微，且

$$|\varphi'(x)|\leqslant q<1,\ \forall x\in[a,b] \tag{5.13}$$

则定理 5.1 的条件 2)成立.

证明　由于 $\varphi(x)$ 在 $[a,b]$ 连续可微，根据微分中值定理，对 $[a,b]$ 中的任意 x，y 存在 $\xi\in(x,y)$ 或 $\xi\in(y,x)$，成立

$$\varphi(x)-\varphi(y)=\varphi'(\xi)(x-y)$$

从而由条件(5.13)便有

$$|\varphi(x)-\varphi(y)|\leqslant|\varphi'(\xi)\|x-y|\leqslant q|x-y|,(q<1)$$

这就是定理 5.1 的条件 2).

例 5.7　试证明例 5.1 中两种迭代分别收敛和不收敛.

证　例 5.1 中求解的方程为 $f(x)=x+e^x-2=0$.

1)迭代 $x_{k+1}=\ln(2-x_k)$，对应的迭代函数：$\varphi(x)=\ln(2-x)$. 考虑区间 $[0,0.8]$：

由于 $\varphi'(x)=\dfrac{1}{x-2}<0,\forall x\in[0,0.8]$，因此 $\varphi(x)$ 在区间 $[0,0.8]$ 中单调减，且有 $\varphi(0)=\ln 2\approx 0.3010,\varphi(0.8)=\ln 1.2\approx 0.1823$，因此有 $\varphi(x)\in[0,0.8],\forall x\in[0,0.8]$ 由此说明定理 5.1 的条件 1)成立；

又由 $\varphi'(x)=\dfrac{1}{x-2}$，故 $|\varphi'(x)|\leqslant\dfrac{1}{1.2}<1,\forall x\in[0,0.8]$，由推论 5.2，定理 5.1 的条件 2)成立. 综上所述，由定理 5.1 知迭代收敛.

2)迭代 $x_{k+1}=2-e^{x_k}$ 对应迭代函数 $\varphi(x)=2-e^x$；取区间 $[0,1]$，则有 $f(0)=-1<0,f(1)>0$ 可知，存在 $x^*\in[0,1]$ 使 $f(x^*)=0$. 但 $\forall x\in[0,1]$ 总有 $\varphi'(x)=e^x\geqslant 1$，因此有

$$|\varphi(x)-x^*|=|\varphi(x)-\varphi(x^*)|=|\varphi'(\xi)(x-x^*)|=e^{\xi}|x-x^*|\geqslant|x-x^*|$$

这说明对任意 $x\in[0,1]$，总有 $|\varphi(x)-x^*|\geqslant|x-x^*|$，即：只要 $x\neq x^*$，由 x 迭代得到的 $\varphi(x)$ 与解 x^* 的距离不会小于 x 到 x^* 的距离，因此迭代不可能收敛.

注 3：定理 5.1 条件 2)中的"$q<1$"是必须的；若改为"$|\varphi(x)-\varphi(y)|<|x-y|$"，则不动点的存在性将存疑.

例 5.8 讨论函数 φ 的不动点，其中

$$\varphi(x)=\begin{cases}x+e^{-\frac{x}{2}}, x\geqslant 0\\ e^{\frac{x}{2}}, x<0\end{cases}$$

解 显然 $\varphi(x)\in(-\infty,+\infty),\forall x\in(-\infty,+\infty)$；且在 $(-\infty,0)\cap(0,+\infty)$ 上导数连续. 由于

$$\varphi'(x)=\frac{1}{2}e^{\frac{x}{2}},\forall x\in(-\infty,0)$$

$$\varphi'(x)=1-\frac{1}{2}e^{-\frac{x}{2}},\forall x\in(0,+\infty)$$

及

$$\varphi'(0-)=\lim_{x\to -0}\varphi'(x)=\frac{1}{2}=\varphi'(0+)=\lim_{x\to +0}\varphi'(x)=\frac{1}{2}$$

可定义

$$\varphi'(0)=\frac{1}{2}$$

因此，函数 φ 的导数在 $(-\infty,+\infty)$ 存在且连续. 且

$$\varphi'(x)\in(0,\frac{1}{2}],\forall x\in(-\infty,0],\varphi'(x)\in[\frac{1}{2},1)\ \forall x\in[0,+\infty)$$

因此有 $\varphi'(x)\in(0,1),\forall x\in(-\infty,+\infty)$. 从而由 $\varphi(x)-\varphi(y)=\varphi'(\xi)(x-y)$ 可推得 $|\varphi(x)-\varphi(y)|<|x-y|,\forall x,y\in(-\infty,+\infty)$. 但此处不存在常数 $q<1$ 使定

理 5.1 的条件 2)成立.

而 $\varphi(x)$无不动点,这是因为:

$$\varphi(x)>0,\forall x<0;\varphi(x)>x,\forall x\geqslant 0$$

因此方程 $x=\varphi(x)$不可能有解,即 φ 无不动点.

问题:如何将条件 1)推广到区间∞的情况?

若在区间$[a,M]$中定理成立,可将 $M\to\infty$,可得:定理在区间$[a,+\infty)$成立;同样,再将 $a\to-\infty$,便可有:定理在$(-\infty,+\infty)$上成立.

注 4:若在包含不动点 x^* 的邻域 σ 中 $\varphi'(x)$连续,且$|\varphi'(x^*)|\leqslant q<1$,则必有小量 δ,使$\forall x\in[x^*-\delta,x^*+\delta]\subseteq\sigma$,总有 $\varphi(x)\in[x^*-\delta,x^*+\delta]$.

设 φ'连续且$|\varphi'(x^*)|=q<1$,由微积分知识知道存在 $\delta>0$,使当 $x\in[x^*-\delta,x^*+\delta]$时,$|\varphi'(x)|\leqslant q+\varepsilon<1$ 成立,从而$\forall x\in[x^*-\delta,x^*+\delta]$总有

$$|\varphi(x)-x^*|=|\varphi(x)-\varphi(x^*)|=|\varphi'(\xi)(x-x^*)|\leqslant(q+\varepsilon)|x-x^*|<|x-x^*|$$

即 $\varphi(x)\in[x^*-\delta,x^*+\delta]$,这说明在以上条件下,总存在足够小的包含 x^* 的区间满足适定性条件,而且其压缩系数为 $q+\varepsilon<1$,可满足收敛性条件.

注意,这只是一个“定性”的讨论,除非能准确地得到数 δ. 但也提醒我们,讨论适定性问题时,较小的区间可能比较方便.

5.2.2 迭代改善

除了 Newton 法以外,一般的迭代都可以用定理 5.1 判断是否收敛. 但问题是已经知道不动点在所讨论的区间之中,迭代却不收敛怎么办? 是不是只能重新选取新迭代? 可否在原有迭代的基础上作一些简单的修正使之收敛? 另外,从式(5.12)可以看到,尽管按定理 5.1 条件 2)有满足条件的 $q<1$ 存在,但是当 q 接近 1 的时候收敛肯定相当慢,能否在原有迭代的基础上作一些简单的修正使之收敛加快? 这就是迭代改善的任务,以下提出两个改善的方法.

1. 松弛因子法

改善定理 5.1 条件 2)中的 q,使 q 尽可能小. 若迭代不收敛,改善以后使迭代收敛;若迭代收敛,使迭代加速.

以下假设迭代函数 $\varphi(x)$的导数 $\varphi'(x)$存在,且连续.

考虑:已知不动点 x^* 存在,而且知道 x^* 的一个良好的近似 $\tilde{x}$,即有 $\tilde{x}\approx x^*$(这可以用二分法等简单方法得到),令 $\lambda=\varphi'(\tilde{x})$——松弛因子,则在 x^* 邻近有$|\varphi'(x)-\lambda|\ll 1$,注意到这是 $\varphi(x)-\lambda x$ 的导数,并考虑建立的新的迭代函数的不动点应该保持 x^*,因此令新迭代函数

$$\Psi(x)=\frac{\varphi(x)-\lambda x}{1-\lambda} \tag{5.14}$$

则 $\Psi(x)$仍以 x^* 为不动点，且当 $1-\lambda\neq0$ 时在 x^* 的邻近有$|\Psi'(x)|\ll1$. 此时迭代取初值 $x_0=\tilde{x}$ 必收敛于不动点 x^*.

例 5.9 对例 5.1 中解方程 $f(x)=x+e^x-2=0(x^*=0.44285440\cdots)$，构造的迭代加以改善，使不收敛的迭代改善为收敛迭代，收敛慢的迭代加速收敛.

解 ① 在例 5.1 中取迭代函数 $\varphi(x)=2-e^x$ 不收敛. 利用二分法容易知道解 x^* 的良好近似 $\tilde{x}=0.5\approx x^*$，因此取 $\lambda=\varphi'(0.5)\approx-1.64$，则有按松弛因子法改善得到的迭代函数

$$\Psi(x)=\frac{2-e^x+1.64x}{2.64}$$

取初值 $x_0=\tilde{x}=0.5$，逐步迭代得到

$x_1=0.44366185\quad x_2=0.44287068\quad x_3=0.44285519$

$x_4=0.44285443\quad x_5=0.44285440\approx x^*$

这一迭代不仅收敛，而且迭代 5 步便获得相当好的结果.

② 迭代函数 $\varphi(x)=\ln(2-x)$对应的迭代 $x_{k+1}=\ln(2-x_k)$取初值 $x_0=0$ 收敛，但收敛较慢. 按前一部分讨论，取 $\lambda=\varphi'(0.5)\approx-0.66666667$，则有按松弛因子法改善得到的迭代函数

$$\Psi(x)=\frac{\ln(2-x)+0.66666667x}{1.66666667}$$

取初值 $x_0=\tilde{x}=0.5$，逐步迭代得到

$x_1=0.44327907\qquad x_2=0.44286061\qquad x_3=0.44285449$

$x_4=0.44285440\approx x^*$

新迭代仅用 4 步，便获得以前 34 步才得到的结果.

2. Aitkin 加速

迭代收敛，但较慢，利用已得的相邻 3 步迭代值，构造迭代加速. 由迭代收敛，即$\lim\limits_{k\to\infty}x_k=x^*$，则

$$x_{k+1}-x^*=\varphi(x_k)-\varphi(x^*)=\varphi'(\xi_k)(x_k-x^*)$$

$$x_k-x^*=\varphi(x_{k-1})-\varphi(x^*)=\varphi'(\xi_{k-1})(x_{k-1}-x^*)$$

当 x_{k-1},x_k,x_{k+1}在 x^* 的邻近时，有 $\varphi'(\xi_k)\approx\varphi'(\xi_{k-1})$，所以

$$\frac{x_{k+1}-x^*}{x_k-x^*}\approx\frac{x_k-x^*}{x_{k-1}-x^*}$$

由此，解得

$$x^*\approx\frac{x_{k+1}x_{k-1}-x_k^2}{x_{k+1}-2x_k+x_{k-1}}=x_{k-1}-\frac{(x_k-x_{k-1})^2}{x_{k+1}-2x_k+x_{k-1}}$$

显然，右端的值必是比以 x_{k-1},x_k,x_{k+1} 按原迭代得到的值更好的近似，因此，取此

组合方法作为在原迭代基础上的加速方法，若记此为迭代为 $\Psi(x)$ ，则

$$\Psi(x) = x - \frac{(\varphi(x) - x)^2}{\varphi(\varphi(x)) - 2\varphi(x) + x} \tag{5.15}$$

此即为 Aitkin 加速.

例 5.10　对解例 5.1 方程 $f(x)=x+\mathrm{e}^x-2=0(x^*=0.44285440\cdots)$的迭代 $x_{k+1}=\ln(2-x_k)$按 Aitkin 加速方法迭代，取初值 $x_0=0$.

解　将计算结果列成下表

k	x_k	$\varphi(x_k)$	$\varphi(\varphi(x_k))$	$x_{k+1}=\Psi(x_k)$
0	0	0.963147181	0.267621819	0.429484944
1	0.429484944	0.451403627	0.437348955	0.442840069
2	0.442840069	0.442863605	0.442848490	0.442854401

经过 Aitkin 加速 3 次迭代，得到按原迭代 46 次才得到的结果. 其优点是不必通过求导数 φ'确定松弛因子 λ.

5.2.3 Newton 法的收敛性

前面讨论了一般的不动点迭代的收敛性，讨论的对象都是迭代函数 φ，以下转为讨论一个具体的迭代方法——Newton 迭代的收敛性.

Newton 迭代函数：$N(x)=x-\dfrac{f(x)}{f'(x)}$ ，由 5.1.1 节中的注 4 的讨论，因为

$$N'(x)=\frac{f(x)f''(x)}{(f'(x))^2}$$

当 $f'(x^*)\neq 0$，且在 x^* 邻近 $f'(x)$连续，$f''(x)$有界，及由 $f(x^*)=0$ 可知：

定理 5.3　若 $f(x)$在$[a,b]$二阶导数连续，$x^*\in[a,b]$，$f(x^*)=0$，$f'(x^*)\neq 0$，则当 x_0 充分接近 x^* 时，Newton 迭代收敛.

这是一个定性的局部性的定理，是在假定 x^* 已确定位置的情况下，在 x^* 邻近取初值的 Newton 迭代的性质. 事实上 Newton 迭代就是一个具有局部收敛性的迭代，定理告诉我们，只要初值足够好，也就是说，初值 x_0 靠近解时，可以保证迭代收敛，但这个“靠近”的具体数值是在定理中却无法给出. 下面给出的就是只用符号便能判断 Newton 迭代收敛的定理.

定理 5.4　若 $f(x)$在$[a,b]$二阶导数连续，且

1) $f(a)f(b)<0$; 2) $f'(x)\neq 0$, $\forall x\in[a,b]$; 3) $f''(x)$在$[a,b]$中不改变符号，则取初值 $x_0\in[a,b]$，当 $f(x_0)f''(x_0)>0$ 时，解方程 $f(x)=0$ 的 Newton 迭代收敛.

证明　由条件 3)可知 $f'(x)$单调增或单调减，又由条件 2)，$f'(x)\neq 0$，$\forall x\in$

$[a,b]$，可得结论 $f'(x)$不变号(这是因为由连续函数的介值定理，如果 $f'(x)$改变符号必出现在某个 $\xi\in[a,b]$有 $f'(\xi)=0$，与条件 2)矛盾)，因此 $f(x)$在区间$[a,b]$严格单调，而由 1)可知方程 $f(x)=0$ 在区间$[a,b]$中有解，因此解 $x^*\in[a,b]$存在且唯一.

根据定理条件，函数有 4 种情况：① $f'(x)>0, f''(x)\geqslant 0$；② $f'(x)<0$，$f''(x)\geqslant 0$；③ $f'(x)>0, f''(x)\leqslant 0$；④ $f'(x)<0, f''(x)\leqslant 0$.

以下仅对情况②加以证明，其他情况的证明完全一样.

设 $f'(x)<0, f''(x)\geqslant 0$. 由定理条件选取初值 x_0 应有 $f(x_0)>0$. 而由 $f'(x)<0$知 $x_0<x^*$；由此

$$x_1=x_0-\frac{f(x_0)}{f'(x_0)}>x_0$$

而

$$x_1-x^*=x_0-x^*-\frac{f(x_0)-f(x^*)}{f'(x_0)}=(1-\frac{f'(\xi_0)}{f'(x_0)})(x_0-x^*)$$

因为 $x_0<\xi_0<x^*$，$f''(x)>0$，所以 $f'(x_0)<f'(\xi_0)<0$，即 $1-\dfrac{f'(\xi_0)}{f'(x_0)}>0$，故由 $x_0<x^*$ 得 $x_1<x^*$，综上便有 $x_0<x_1<x^*$. 按此逐步证明，可归纳得

$$x_0<x_1<\cdots<x_k<\cdots<x^*$$

由于序列$\{x_k\}$单调增上有界，所以该序列必有极限，记 $\tilde{x}=\lim\limits_{k\to\infty}x_k\in[a,b]$. 在迭代式 $x_{k+1}=x_k-\dfrac{f(x_k)}{f'(x_k)}$中令 $k\to\infty$，由于 $f'(\tilde{x})\neq 0$，可得 $f(\tilde{x})=0$，即序列$\{x_k\}$的极限 $\tilde{x}$ 是方程 $f(x)=0$ 的解；最后，由已证明的解的唯一性有，$\tilde{x}=\lim\limits_{k\to\infty}x_k=x^*$.

证完

例 5.11 已知方程 $x-\ln x=\dfrac{3}{2}$在 0.3 邻近有解 x^*，① 请问，以 0.3 为初值，迭代 $x_{k+1}=\ln x_k+\dfrac{3}{2}$是否收敛到此根，请证明之；② 对此迭代实施改善，若不收敛，使改善后的迭代收敛；若收敛，使改善后的迭代收敛加速；③ 另设计 2 个收敛的简单迭代法，并选取适当初值，使之收敛.

解 ① 所取迭代函数 $\varphi(x)=\ln x+1.5$，取区间$[0.1,1]$，显然 $x^*\in[0.1,1]$，此时，由于 $\varphi'(x)=\dfrac{1}{x}$，所以$|\varphi'(x)|\geqslant 1$，$\forall x\in[0.1,1]$因此

$|\varphi(x)-x^*|=|\varphi(x)-\varphi(x^*)|=|\varphi'(\xi)||x-x^*|>|x-x^*|\quad \forall x\in[0.1,1]$所以，迭代 $x_{k+1}=\ln x_k+\dfrac{3}{2}$不收敛；

② 迭代改善：由于 $\varphi'(0.3)=\frac{10}{3}$，按迭代改善的松弛因子方法，取迭代

$$\Psi(x)=\frac{\ln x+\frac{3}{2}-(\frac{10}{3})x}{1-\frac{10}{3}}=\frac{\ln x+\frac{3}{2}-(\frac{10}{3})x}{-\frac{7}{3}}$$

取初值 $x_0=0.3$，迭代 $x_{k+1}=\Psi(x_k)$ 必收敛.

适定性：取区间[0.2,0.4]，由于 $\Psi'(x)=(\frac{1}{x}-\frac{10}{3})(-\frac{7}{3})\leqslant 0,\forall x\in[0.2,0.3]$，

$\Psi'(x)=(\frac{1}{x}-\frac{10}{3})(-\frac{3}{7})\geqslant 0,\forall x\in[0.3,0.4]$，因此 $\Psi(0.3)$ 在区间[0.2,0.4]中取得最小，而由 $\Psi(0.2)\approx 0.332616,\Psi(0.3)\approx 0.301703,\Psi(0.4)\approx 0.321267$ 可知 $\forall x\in[0.2,0.4]$ 总有 $\varphi(x)\in[0.2,0.4]$. 又由松弛因子法的构造，知 $|\varphi'(x)|\ll 1$，$\forall x\in[0.2,0.4]$ 所以迭代必收敛.

取初值 $x_0=0.3$，迭代 $x_{k+1}=\Psi(x_k)$ 的计算结果：$x_0=0.3,x_1=0.32170263,x_2=0.301709507,x_3=0.301709562,x_4=0.301709563=x_5\approx x^*$

③ (a). 将方程改写为 $\ln x=x-\frac{3}{2}$，即 $x=e^{x-\frac{3}{2}}$，因此取迭代函数：$\varphi(x)=e^{x-\frac{3}{2}}$. 此时，

$$|\varphi'(x)|=|e^{x-\frac{3}{2}}|\leqslant e^{-\frac{1}{2}}=q<1,\forall x\in[0,1];$$

由于 $\varphi'(x)>0$ 得 $\varphi(x)$ 单调增，且 $\varphi(0)=e^{-\frac{3}{2}}\approx 0.2231,\varphi(1)=e^{-\frac{1}{2}}\approx 0.6065$ 可取区间[0,1]，此时 $\varphi(x)\in[0,1],\forall x\in[0,1]$，所以迭代函数在区间[0,1]上满足适顶定性条件；因此以 $\varphi(x)=e^{x-\frac{3}{2}}$ 为迭代函数，任取初值 $x_0\in[0,1]$ 总收敛于原问题在[0,1]中的唯一解. 如：取初值 $x_0=0$，迭代结果：

$x_1=0.22313016,x_2=0.27089089,\cdots,x_{18}\approx x^*$；

(若取区间：[0.2,0.4]，则有 $\varphi(0.2)=e^{-1.3}\approx 0.2725,\varphi(0.4)=e^{-1.1}\approx 0.3329$ 迭代函数在此区间上也适定).

③(b)取 Newton 迭代.

由于 $f(x)=x-\ln x-\frac{3}{2}$，考虑区间[0.1,0.8]，有

$f(0.1)\approx 0.902585,f(0.8)\approx -0.4769$

又

$f'(x)=1-\frac{1}{x}<0,\forall x\in[0.1,0.8]$，

$f''(x)=x^{-2}>0,\forall x\in[0.1,0.8]$；

所以，根据定理 5.4，取初值 $x_0=0.1$ 的 Newton 迭代

$$x_{k+1}=x_k-\frac{x_k-\ln x_k-1.5}{1-\dfrac{1}{x_k}}$$

必收敛；

计算结果：$x_0=0.1, x_1=0.200228723, x_2=0.277498146,$

$x_3=0.300327513, x_4=0.301705032, x_5=0.301709563\approx x^*$

5.2.4 收敛速度

在本章开始述及迭代结果时，就提到收敛的“快”和“慢”. 总说 Newton 迭代收敛快，因为与其他迭代相比，只用很少几步就得到误差很小近似解. 但仅用迭代步的多少来描述收敛快慢是不科学的，因为用迭代多少步数能满足同一个误差要求，对不同的迭代，选择不同的初值是无法比较的. 因此需要一个判断收敛快慢的标准.

定义 5.1 设迭代序列 $\{x_k\}$ 收敛于 x^*，若有常数 $q\geqslant 0, p\geqslant 1$，成立

$$\lim_{k\to\infty}\frac{|x_{k+1}-x^*|}{|x_k-x^*|^p}=q$$

则当 $q>0$ 时，称序列 $\{x_k\}$ 为 p 阶收敛. 特别，

若 $p=1$，(此时必有 $q<1$) 称为线性收敛；

若 $p=2$，称为 2 阶收敛或平方收敛；

若 $q=0, p=1$，称序列 $\{x_k\}$ 为超线性收敛.

一般的简单迭代，若满足压缩映象原理的压缩条件，则至少是线性收敛的. Newton 迭代收敛快，因为它是 2 阶收敛的，而它的离散化——割线迭代是超线性收敛的. 以下就是证明.

1) Newton 迭代——2 阶收敛

将 $f(x)$ 在 x_k 处作 Taylor 展开，并取 $x=x^*$，便有

$$0=f(x^*)=f(x_k)+f'(x_k)(x^*-x_k)+\frac{1}{2}f''(\xi_k)(x^*-x_k)^2$$

又由于 x_{k+1} 是 Newton 方程(5.4)的解，因此有

$$0=f(x_k)+f'(x_k)(x_{k+1}-x_k)$$

将两者相减，得：

$$0=f'(x_k)(x^*-x_{k+1})+\frac{1}{2}f''(\xi_k)(x^*-x_k)^2$$

做简单变形便有

$$|x^*-x_{k+1}|=\left|\frac{1}{2}\frac{f''(\xi_k)}{f'(x_k)}\right||x^*-x_k{}^2|$$

则当 $f'(x^*)\neq 0$，$f''(x)$有界时，Newton 迭代 2 阶收敛.

2)割线迭代——超线性收敛

作 $f(x)$在 x_{k-1}，x_k 处的两点 Newton 插值多项式及其余项，并在 x^* 处取值

$$0=f(x^*)=f(x_k)+f[x_{k-1},x_k](x^*-x_k)+\frac{1}{2}f''(\xi_k)(x^*-x_{k-1})(x^*-x_k)$$

又割线法得到的 x_{k+1}是 $f(x)$在 x_{k-1}，x_k 处的两点 Newton 插值多项式的零点

$$0=f(x_k)+f[x_{k-1},x_k](x_{k+1}-x_k)$$

将两者相减，得

$$0=f[x_{k-1},x_k](x^*-x_{k+1})+\frac{1}{2}f''(\xi_k)(x^*-x_{k-1})(x^*-x_k)$$

又由 $f[x_{k-1},x_k]=f'(\eta_k)$，因此

$$|x^*-x_{k+1}|=\left|\frac{f''(\xi_k)}{2f'(\eta_k)}\right||x^*-x_{k-1}||x^*-x_k|$$

由于 $f'(x^*)\neq 0$，$f''(x)$有界时$\dfrac{f''(\xi_k)}{2f'(\eta_k)}$有界，且当 $k\to\infty$时$|x^*-x_{k-1}|\to 0$，记 $q_k=\left|\dfrac{f''(\xi_k)}{2f'(\eta_k)}\right||x^*-x_{k-1}|$，则$\lim\limits_{k\to\infty}q_k=0$，因此由

$$|x^*-x_{k+1}|\leqslant q_k|x^*-x_k|,\ \lim_{k\to\infty}q_k=0$$

得结论：割线迭代是超线性收敛.

对于更一般的迭代函数 φ 有以下收敛速度判别定理.

定理 5.5　若简单迭代 $x_{k+1}=\varphi(x_k)$以初值 x_0 生成的序列$\{x_k\}$收敛于 x^*，又迭代函数 $\varphi(x)$的各阶导数 $\varphi'(x)$，$\varphi''(x)$，…，$\varphi^{(p)}(x)$存在并连续，$\varphi'(x^*)=\varphi''(x^*)=\cdots=\varphi^{(p-1)}(x^*)=0$，而 $\varphi^{(p)}(x^*)\neq 0$，且在 x^* 邻域中 $\varphi^{(p)}(x)$有界，则该迭代的收敛速度为 p 阶.

证　按 Taylor 展开式，将 $\varphi(x)$在 x^* 处展开：

$$\varphi(x)=\varphi(x^*)+\varphi'(x^*)(x-x^*)+\cdots+\frac{1}{(p-1)!}\varphi^{(p-1)}(x^*)(x-x^*)^{p-1}$$
$$+\frac{1}{p!}\varphi^{(p)}(\xi)(x-x^*)^p$$

由于 x^* 是 $\varphi(x)$的不动点，且由条件 $\varphi'(x^*)=\varphi''(x^*)=\cdots=\varphi^{(p-1)}(x^*)=0$，得：

$$\varphi(x)=x^*+\frac{1}{p!}\varphi^{(p)}(\xi)(x-x^*)^p$$

令 $x=x_k$，则有

$$|x_{k+1}-x^*|=\left|\frac{1}{p!}\varphi^{(p)}(\xi_p)\right||(x_k-x^*)^p|\leqslant q|(x_k-x^*)^p|$$

这就说明迭代的收敛速度为 p 阶.　证完

利用定理5.5很容易判断Newton迭代的收敛速度为2阶.原因是Newton迭代的迭代函数$N(x)$在其不动点x^*处的导数$N'(x^*)=0$.

附:收敛速度的解释——例

线性	超线性	平方收敛
$\lvert x^*-x_{k+1}\rvert\leqslant 2^{-1}\lvert x^*-x_k\rvert$	$\lvert x^*-x_{k+1}\rvert\leqslant 2^{-k}\lvert x^*-x_k\rvert$	$\lvert x^*-x_{k+1}\rvert\leqslant 2^{-1}\lvert x^*-x_k\rvert^2$
$\lvert x^*-x_0\rvert=1$	$\lvert x^*-x_0\rvert=1$	$\lvert x^*-x_0\rvert=1$
$\lvert x^*-x_1\rvert\leqslant 2^{-1}$	$\lvert x^*-x_1\rvert\leqslant 1$	$\lvert x^*-x_1\rvert\leqslant 2^{-1}$
$\lvert x^*-x_2\rvert\leqslant 2^{-2}$	$\lvert x^*-x_2\rvert\leqslant 2^{-1}$	$\lvert x^*-x_2\rvert\leqslant 2^{-3}$
$\lvert x^*-x_3\rvert\leqslant 2^{-3}$	$\lvert x^*-x_3\rvert\leqslant 2^{-3}$	$\lvert x^*-x_3\rvert\leqslant 2^{-7}$
$\lvert x^*-x_4\rvert\leqslant 2^{-4}$	$\lvert x^*-x_4\rvert\leqslant 2^{-6}$	$\lvert x^*-x_4\rvert\leqslant 2^{-15}$
$\lvert x^*-x_5\rvert\leqslant 2^{-5}$	$\lvert x^*-x_5\rvert\leqslant 2^{-10}$	$\lvert x^*-x_5\rvert\leqslant 2^{-31}$

小 结

非线性方程的求解一般都采用迭代法.因此会出现迭代法必然出现的几个问题:形成可迭代的函数、收敛性及误差界满足情况的判断.与线性方程组迭代法的一个重要不同之处是“收敛与初值的选取有关”,因此讨论非线性方程迭代法的收敛性时,除了说明所选择的迭代函数外,必须说明初值如何选取.

对于一般的简单迭代$x_{k+1}=\varphi(x_k)$的收敛性,容易验证的判别方法是用定理5.1——“压缩映象原理”,及推论5.2.首先应考察“压缩性”:$\lvert\varphi'(x)\rvert\leqslant q<1$,再考察在解的附近迭代函数$\varphi$的适定性(压缩映象一般在解的小邻域中适定性容易满足).如果必要再采用迭代改善.

对于Newton迭代,则应可应用定理5.4判断收敛性.由于此定理只需考察函数的符号,因此与定理5.1相比,要简单得多.当然从定理5.3可以知道,Newton迭代更应选择在解邻近的小区间来讨论.应该注意的是,Newton迭代收敛判断的总是方程$f(x)=0$问题,一般要求在所讨论的区间中$f'(x)\neq 0$(对于重根问题,即$f'(x^*)=0$的情况参考习题7).

前面提到的求解的适定域或Newton迭代的考察区间一般都可以通过“二分法”得到解决.

关于非线性方程组的解法,若将方程组改写成向量形式:$\boldsymbol{F}\boldsymbol{x}=\boldsymbol{0}$,则可以将大部分一元方程的解法推广到多元方程组的求解. 例如非线性方程组 Newton 迭代就是 $\boldsymbol{x}^{(k+1)}=\boldsymbol{x}^{(k)}-(\boldsymbol{F}'(\boldsymbol{x}^{(k)}))^{-1}\boldsymbol{F}(\boldsymbol{x}^{(k)})$，其中 $\boldsymbol{F}'(\boldsymbol{x}^{(k)})$ 称为算子(或映象) $\boldsymbol{F}$ 的导数，它是由 $\dfrac{\partial f_i(\boldsymbol{x}^{(k)})}{\partial x_j}$ 为 i 行、j 列的元素形成的 $(n\times n)$ 阶矩阵.

习　题

1. 已知方程 $x^3-x^2-1=0$ 在 1.5 邻近有根 x^*，将方程改写成

(1) $x=x^{-2}+1$，对应迭代为 $x_{k+1}=x_k^{-2}+1$

(2) $x^3=x^2+1$，对应迭代为 $x_{k+1}=(x_k^2+1)^{\frac{1}{3}}$

(3) $x^2=(x-1)^{-1}$，对应迭代为 $x_{k+1}=(x_k+1)^{-\frac{1}{2}}$

当选取初始近似 $x_0=1.5$ 时，讨论各迭代的收敛性. 当迭代不收敛时，用适当的方法改善使之收敛；当迭代收敛时，用适当的加速方法改善其收敛性；计算此方程的根 x^* 的近似，精确到 10^{-4}.

2. 选择适当的初值，用 Newton 迭代法、割线法求下述方程的解：

(1) $xe^x-1=0$

(2) $x^p=c\,(p>1,c>0)$，由此导出求 c 的 p 次根的算法.

3. 用二分法求方程 $2x^3-4x^2-x+2=0$ 的实根，准确到 10^{-2}.

4. 用迭代法证明

$$\lim_{n\to\infty}\underbrace{\sqrt{2+\sqrt{2+\cdots+\sqrt{2+\sqrt{2}}}}}_{\text{开方}n\text{次}}=2$$

5. 方程 $x-\ln x=\dfrac{3}{2}$ 在 $(0,1)$ 中有解 x^*，请给出一个迭代算法及一个长度不超过 $\dfrac{1}{2}$ 的包含 x^* 的区间，使迭代在该区间中任选初值总收敛于 x^*.

6. 设函数 $f(x)$ 对一切 $x\in\mathbf{R}$，$f'(x)$ 都存在，且 $0<m\leqslant f'(x)\leqslant M$，试证明当 $f(x)$ 的零点存在时，对任何 $\lambda\in\left(0,\dfrac{2}{M}\right)$，迭代

$$x_{k+1}=x_k-\lambda f(x_k)\quad k=0,1,\cdots$$

任取初值总收敛于 $f(x)$ 的零点.

7. 设 $f(x)=0$ 有 m 重根 x^*，则

(1) 若求解 x^* 的 Newton 迭代收敛时，至多是线性收敛；

(2) 取适当初值的迭代 $x_{k+1}=x_k-\dfrac{mf(x_k)}{f'(x_k)}$ 是 2 阶收敛的.

附录Ⅰ 微积分的一些结论

本附录列出一些微积分学中与本书内容相关的一些重要结论.

定理Ⅰ.1 (极值定理)设 $f(x)$在闭区间$[a,b]$上连续,则必存在 $x_1,x_2\in[a,b]$,使对所有的 $x\in[a,b]$都有 $m=f(x_1)\leqslant f(x)\leqslant F(x_2)=M$.

定理Ⅰ.1 表明,闭区间上的连续函数在此区间上达到其最大值与最小值.若存在一个数 $B>0$,使对区间中的任何 x 都有 $|f(x)|\leqslant B$,则称函数 f 在此区间上有界,B 称为函数 f 在此区间上的界.由定理Ⅰ.1 可知,闭区间上的连续函数总有界,且这个界可由下式确定

$$B=\max\{|m|,|M|\}$$

定理Ⅰ.2 (介值定理)设 $f(x)$是闭区间$[a,b]$上的连续函数,$m=\min\limits_{a\leqslant x\leqslant b}f(x)$,$M=\max\limits_{a\leqslant x\leqslant b}f(x)$,若 λ 是介于 m 和 M 之间的任何一个数,则存在 $\xi\in[a,b]$,使 $f(\xi)=\lambda$.

介值定理的几何意义如图Ⅰ.1 所示.

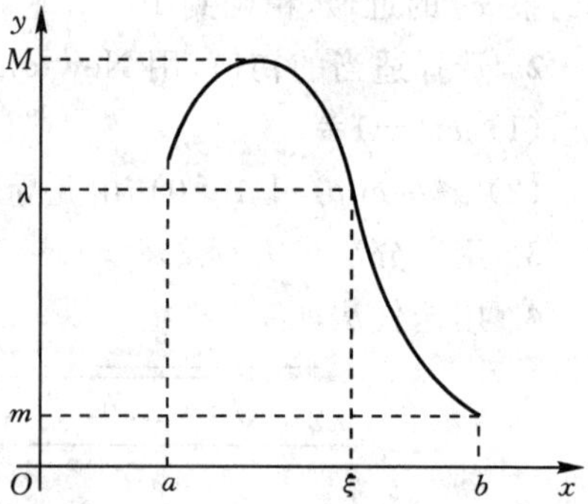

图Ⅰ.1 介值定理

推论Ⅰ.3 在定理Ⅰ.2 的条件下,若 $f(a)f(b)<0$,则方程 $f(x)=0$ 在(a,b)中至少有一个根.

例Ⅰ.1 设 $f(x)$是闭区间$[a,b]$上的连续函数,$x_i\in[a,b]$,$i=1,2,\cdots,n$,则必有 $\xi\in[a,b]$,使

$$f(\xi)=\frac{1}{n}[f(x_1)+f(x_2)+\cdots+f(x_n)]$$

证 由于 $m\leqslant f(x_i)\leqslant M$,$i=1,2,\cdots,n$,所以

$$nm\leqslant\sum_{i=1}^{n}f(x_i)\leqslant nM$$

或

$$m\leqslant\frac{1}{n}\sum_{i=1}^{n}f(x_i)\leqslant M$$

从而由介值定理(定理Ⅰ.2)可知,存在 $\xi\in[a,b]$,使

$$f(\xi)=\frac{1}{n}\sum_{i=1}^{n}f(x_i)$$

定理 I.4　(Rolle 定理)设 $f(x)$是闭区间$[a,b]$上的连续函数,且在(a,b)上可导,且 $f(a)=f(b)$,则存在 $\xi\in(a,b)$使 $f'(\xi)=0$.

定理 I.5　(中值定理)设 $f(x)$是闭区间$[a,b]$上的连续函数,且在(a,b)上可导,则存在 $\xi\in(a,b)$使

$$f'(\xi)=\frac{f(b)-f(a)}{b-a}.$$

定理 I.6　(积分中值定理)设 $f(x)$和 $g(x)$是闭区间$[a,b]$上的连续函数,且 $g(x)$在$[a,b]$上不改变符号,则存在 $\xi\in[a,b]$,使

$$\int_a^b f(x)g(x)\mathrm{d}x=f(\xi)\int_a^b g(x)\mathrm{d}x$$

定理 I.7　(Taylor 定理)设 $f(x)$在(a,b)上 $n+1$ 次连续可微,$x_0\in[a,b]$,那么对任何 $x\in(a,b)$

$$f(x)=f(x_0)+f'(x_0)(x-x_0)+\frac{f''(x_0)}{2!}(x-x_0)^2+\cdots$$
$$+\frac{f^{(n)}(x_0)}{n!}(x-x_0)^n+R_n(x)$$

此处,余项

$$R_n(x)=\frac{f^{(n+1)}(\xi)}{(n+1)!}(x-x_0)^{n+1}$$

其中 ξ 在 x 和 x_0 之间.

附录Ⅱ　矩阵代数

本附录主要结合本教材的需要介绍矩阵代数中的一些相关运算规则,以便读者理解教材的有关内容.

1. 矩阵乘法

定义在实数域上的 m 行 n 列(或称 $m\times n$)的矩阵记为

$$\boldsymbol{A}=\begin{pmatrix}\alpha_{11} & \alpha_{12} & \cdots & \alpha_{1n}\\ \alpha_{21} & \alpha_{22} & \cdots & \alpha_{2n}\\ \vdots & \vdots & & \vdots\\ \alpha_{m1} & \alpha_{m2} & \cdots & \alpha_{mn}\end{pmatrix}$$

也可简记为 $\boldsymbol{A}=(\alpha_{ij})_{m\times n}$，数 α_{ij} 称为矩阵 $\boldsymbol{A}$ 的 i 行 j 列的元素或 (i,j) 元. 实数域上全体 m 行 n 列矩阵的集合记为 $\boldsymbol{L}(R^n,R^m)$ 或 $R^{m\times n}$. 这是因为矩阵表示两个线性空间之间的线性变换，$\boldsymbol{A}=(\alpha_{ij})_{m\times n}$ 将 R^n 中的向量 $\boldsymbol{x}\in R^n$ 变换为 R^m 中的向量：$\boldsymbol{y}\in R^m$：$\boldsymbol{y}=\boldsymbol{Ax}$.

设 $\boldsymbol{A}=(\alpha_{ij})_{m\times n}$，$\boldsymbol{B}=(\beta_{ij})_{n\times p}$，则矩阵 $\boldsymbol{A}$ 乘以矩阵 $\boldsymbol{B}$ 的积是一个 $m\times p$ 矩阵 $\boldsymbol{C}(\gamma_{ij})$，其 (i,j) 元素由下式定义

$$\gamma_{ij}=\alpha_{i1}\beta_{1j}+\alpha_{i2}\beta_{2j}+\cdots+\alpha_{in}\beta_{nj}=\sum_{k=1}^{n}\alpha_{ik}\beta_{kj},\ i=1,2,\cdots,m,\quad j=1,2,\cdots,p$$

即 γ_{ij} 由 A 的第 i 行元素与 B 的第 j 列元素分别相乘后再相加得到的和.

n 行 1 列的矩阵称为 n 维向量，如

$$\boldsymbol{x}=\begin{pmatrix}x_1\\x_2\\\vdots\\x_n\end{pmatrix}$$

其中每个 x_i 称为向量 $\boldsymbol{x}$ 的(第 i 个)分量. 而它的转置记为 $\boldsymbol{x}^{\mathrm{T}}$

$$\boldsymbol{x}^{\mathrm{T}}=(x_1,x_2,\cdots,x_n)$$

因此，为了节省篇幅书写方便，经常将 n 维向量写成

$$\boldsymbol{x}^{\mathrm{T}}=(x_1,x_2,\cdots,x_n)^{\mathrm{T}}$$

根据矩阵乘法定义，若 $\boldsymbol{x}=(x_1,x_2,\cdots,x_n)^{\mathrm{T}}$，$\boldsymbol{y}=(y_1,y_2,\cdots,y_n)^{\mathrm{T}}$ 是两个 n 维向量，则 $\boldsymbol{x}^{\mathrm{T}}\boldsymbol{y}$ 是一个 1×1 的矩阵，即一个数

$$\boldsymbol{x}^{\mathrm{T}}\boldsymbol{y}=\sum_{i=1}^{n}x_iy_i$$

称此数为向量 $\boldsymbol{x}$ 和 $\boldsymbol{y}$ 的内积.

若 $\boldsymbol{A}$ 是 $n\times n$ 矩阵，便称为 n 阶方阵，k 个方阵 $\boldsymbol{A}$ 的连乘积简记为

$$\boldsymbol{A}^k=\underbrace{\boldsymbol{AA}\cdots\boldsymbol{A}}_{k\text{个}}$$

2. 分块矩阵

一个矩阵可以用一些垂直和水平直线划分成若干"块"较小的矩阵，称为"子矩阵". 例如，矩阵

$$\boldsymbol{A}=\left(\begin{array}{ccc|cc}1&-2&0&3&2\\0&-1&1&3&6\\1&-1&2&-4&7\\4&5&-3&2&-2\end{array}\right)$$

可以分成

$$A=\begin{pmatrix} A_{11} & A_{12} & A_{13} \\ A_{21} & A_{22} & A_{232} \end{pmatrix}$$

其中,各子矩阵

$$A_{11}=\begin{pmatrix} 1 & -2 \\ 0 & -1 \end{pmatrix}, A_{12}=\begin{pmatrix} 0 \\ 1 \end{pmatrix}, A_{13}=\begin{pmatrix} 3 & 2 \\ 3 & 6 \end{pmatrix}$$

$$A_{21}=\begin{pmatrix} 1 & -1 \\ 4 & 5 \end{pmatrix}, A_{22}=\begin{pmatrix} 2 \\ -3 \end{pmatrix}, A_{23}=\begin{pmatrix} -4 & 7 \\ 2 & -2 \end{pmatrix}$$

这样,可将矩阵 A 视作具有矩阵元素 A_{ij} $(i=1,2;j=1,2,3)$ 的矩阵,称这样的矩阵为分块矩阵.利用分块矩阵可以方便地解决各种矩阵运算问题.

最简单而有用的矩阵分块方法是按列分块,例如将矩阵 $B=(\beta_{ij})$ 分块成

$$B=(b_1 \quad b_2 \quad \cdots \quad b_p)$$

其中 $b_j=(\beta_{1j} \quad \beta_{2j} \quad \cdots \quad \beta_{nj})^T, j=1,2,\cdots,p$,是 $B=(\beta_{ij})$ 的第 j 列形成的向量.

根据矩阵乘法的定义,矩阵乘积 $C=AB$ 的第 j 列是

$$c_j=\begin{pmatrix} \gamma_{1j} \\ \vdots \\ \gamma_{mj} \end{pmatrix}=\begin{pmatrix} \sum_{k=1}^{n} \alpha_{1k}\beta kj \\ \vdots \\ \sum_{k=1}^{n} \alpha_{mk}\beta_{kj} \end{pmatrix}=Ab_j, j=1,2,\cdots,p$$

于是

$$C=(c_1 \quad c_2 \quad \cdots \quad c_p)=(Ab_1 \quad Ab_2 \quad \cdots \quad Ab_p).$$

特别地,当 $B=I$(n 阶单位矩阵)时,由于 $I=(e_1,e_2,\cdots,e_n)$,则

$$(a_1 \quad a_2 \quad \cdots \quad a_n)=AI=(Ae_1,Ae_2,\cdots,Ae_n)$$

即 A 的第 j 列 $a_j=Ae_j$ $(j=1,2,\cdots,n)$,此处 e_j 就是 n 阶单位矩阵 I 的第 j 列,是第 j 个分量为 1,其他分量为 0 的向量.同样,若将 A 和 I 按行分块,$(a^{(i)})^T$ 和 $(e_i)^T$ 分别表示其第 i 行,可以得到

$$A=\begin{pmatrix} e_1^T A \\ e_2^T A \\ \vdots \\ e_n^T A \end{pmatrix}$$

因此,A 的第 i 行

$$(a^{(i)})^T=e^T{}_i A, i=1,2,\cdots,n$$

利用上述分块方法,可以得到分块矩阵的乘法规则.例如,将矩阵 A 和 B 分别按行和列分块:

$$A=\begin{pmatrix}A_{11} & A_{12}\\ A_{21} & A_{22}\end{pmatrix},B=\begin{pmatrix}B_{11} & B_{12}\\ B_{21} & B_{22}\end{pmatrix}$$

其中 $\boldsymbol{A}_{11},\boldsymbol{A}_{12},\boldsymbol{A}_{21}$ 和 $\boldsymbol{A}_{22}$ 分别是 $k\times s,k\times(n-s),(m-k)\times s$ 和 $(m-k)\times(n-s)$ 四个子矩阵，$\boldsymbol{B}_{11},\boldsymbol{B}_{12},\boldsymbol{B}_{21}$ 和 $\boldsymbol{B}_{22}$ 则分别是 $s\times t,s\times(p-t),(n-s)\times t$ 和 $(n-s)\times(p-t)$ 四个子矩阵. 于是很容易验证

$$\boldsymbol{AB}=\begin{pmatrix}\boldsymbol{A}_{11}\boldsymbol{B}_{11}+\boldsymbol{A}_{12}\boldsymbol{B}_{21} & \boldsymbol{A}_{11}\boldsymbol{B}_{12}+\boldsymbol{A}_{12}\boldsymbol{B}_{22}\\ \boldsymbol{A}_{21}\boldsymbol{B}_{11}+\boldsymbol{A}_{22}\boldsymbol{B}_{21} & \boldsymbol{A}_{21}\boldsymbol{B}_{12}+\boldsymbol{A}_{22}\boldsymbol{B}_{22}\end{pmatrix}$$

容易验证，上述分裂可以分成更多块，只须分块以后相应的子矩阵之间的乘法可以执行便可.

3. 初等矩阵

设 $\boldsymbol{u},\boldsymbol{v}$ 是 n 维向量，ω 是数，形如 $\boldsymbol{H}=\boldsymbol{I}-\omega\,\boldsymbol{uv}^{\mathrm{T}}$ 的矩阵称为初等矩阵. 用初等矩阵左乘矩阵的作用就是将矩阵的某行乘某数、将某行乘某数后加到另一行、交换某两行等等. 设 $\boldsymbol{u}=(\mu_1\quad \mu_2\quad \cdots\quad \mu_n)^{\mathrm{T}},\boldsymbol{v}=(v_1\quad v_2\quad \cdots\quad v_n)^{\mathrm{T}}$，则

$$\boldsymbol{H}=\begin{pmatrix}1-\omega\mu_1 v_1 & -\omega\mu_1 v_2 & -\omega\mu_1 v_n\\ -\omega\mu_2 v_1 & 1-\omega\mu_2 v_2 & -\omega\mu_2 v_n\\ -\omega\mu_n v_1 & -\omega\mu_n v_2 & 1-\omega\mu_n v_n\end{pmatrix}$$

如此定义的矩阵由向量 $\boldsymbol{u},\boldsymbol{v}$ 和数 ω 唯一确定，因此可将它记为 $\boldsymbol{H}(\omega,\boldsymbol{u},\boldsymbol{v})$. 若 $\omega\boldsymbol{u}^{\mathrm{T}}\boldsymbol{v}\neq 1$，则 $\boldsymbol{H}(\omega,\boldsymbol{u},\boldsymbol{v})$ 非奇，且其逆矩阵

$$\boldsymbol{H}(\omega,\boldsymbol{u},\boldsymbol{v})^{-1}=1-\tau\boldsymbol{uv}^{\mathrm{T}}=\boldsymbol{H}(\tau,\boldsymbol{u},\boldsymbol{v})$$

式中 $\tau=\omega(\omega\boldsymbol{u}^{\mathrm{T}}\boldsymbol{v}-1)^{-1}$. 事实上

$$\begin{aligned}\boldsymbol{H}(\omega,\boldsymbol{u},\boldsymbol{v})\boldsymbol{H}(\tau,\boldsymbol{u},\boldsymbol{v})&=(\boldsymbol{I}-\omega\boldsymbol{uv}^{\mathrm{T}})(\boldsymbol{I}-\tau\boldsymbol{uv}^{\mathrm{T}})\\ &=\boldsymbol{I}-\omega\,\boldsymbol{uv}^{\mathrm{T}}-\tau\boldsymbol{uv}^{\mathrm{T}}+\omega\tau\boldsymbol{u}(\boldsymbol{v}^{\mathrm{T}}\boldsymbol{u})\boldsymbol{v}^{\mathrm{T}}\\ &=\boldsymbol{I}-\omega(\omega\,\boldsymbol{u}^{\mathrm{T}}\boldsymbol{v}-1)^{-1}[(\omega\,\boldsymbol{u}^{\mathrm{T}}\boldsymbol{v}-1)+1-\omega\,\boldsymbol{u}^{\mathrm{T}}\boldsymbol{v}]\boldsymbol{u}^{\mathrm{T}}\boldsymbol{v}\\ &=\boldsymbol{I}\end{aligned}$$

以下列出几种常用的初等矩阵：

(1) 倍法矩阵

初等矩阵 $\boldsymbol{H}(1-\rho,\boldsymbol{e}_i,\boldsymbol{e}_i)$ 称为倍法矩阵，简记为 $\boldsymbol{I}_i(\rho)$. 易知

$$I_i(\rho)=\mathrm{diag}(1,\cdots,1,\rho,1\cdots,1)$$

是第 i 个对角元为 ρ，其他对角元为 1 的对角矩阵. 当 $\rho\neq 0$ 时，$I_i(\rho)$ 非奇，且 $\boldsymbol{I}_i(\rho)^{-1}=\boldsymbol{I}_i(\frac{1}{\rho})$. 容易看到，$\boldsymbol{I}_i(\rho)$ 左乘矩阵 $\boldsymbol{A}$ 的效果就是将 $\boldsymbol{A}$ 的第 i 行乘以 ρ：

$$
\boldsymbol{I}_i(\rho)\boldsymbol{A}=\begin{pmatrix}
1 &&&&&& \\
& \ddots &&&&& \\
&& 1 &&&& \\
&&& \rho &&& \\
&&&& 1 && \\
&&&&& \ddots & \\
&&& \text{第 } i \text{ 列} &&& 1
\end{pmatrix}\boldsymbol{A}=\begin{pmatrix}
\boldsymbol{a}^{(1)\mathrm{T}} \\ \vdots \\ \boldsymbol{a}^{(i-1)\mathrm{T}} \\ \rho\boldsymbol{a}^{(i)\mathrm{T}} \\ \boldsymbol{a}^{(i+1)\mathrm{T}} \\ \vdots \\ \boldsymbol{a}^{(n)\mathrm{T}}
\end{pmatrix}
$$

(2) 交换矩阵

若 $i\neq j$，称矩阵 $\boldsymbol{H}(1,\boldsymbol{e}_i-\boldsymbol{e}_j,\boldsymbol{e}_i-\boldsymbol{e}_j)$ 为交换矩阵，简记为 $\boldsymbol{P}_{ij}$. 显然

$$
\boldsymbol{P}_{ij}=\boldsymbol{I}-(\boldsymbol{e}_i-\boldsymbol{e}_j)(\boldsymbol{e}_i-\boldsymbol{e}_j)^{\mathrm{T}}
$$

$$
=\begin{pmatrix}
1 &&&&&&&& \\
& \ddots &&&&&&& \\
&& 1 &&&&&& \\
&&& 0 &&& 1 && \\
&&&& 1 &&&& \\
&&&&& \ddots &&& \\
&&&&&& 1 && \\
&&& 1 &&& 0 && \\
&&&&&&& 1 & \\
&&&&&&&& \ddots \\
&&&&&&&&& 1
\end{pmatrix}=\begin{pmatrix}
\boldsymbol{e}_1^{\mathrm{T}} \\ \vdots \\ \boldsymbol{e}_j^{\mathrm{T}} \\ \vdots \\ \boldsymbol{e}_i^{\mathrm{T}} \\ \vdots \\ \boldsymbol{e}_1^{\mathrm{T}}
\end{pmatrix}
$$

即：单位矩阵的第 i 行与第 j 行交换了位置. 它左乘矩阵 $\boldsymbol{A}$ 的效果就是将 $\boldsymbol{A}$ 的第 i 行与第 j 行交换了位置.

(3) 反射矩阵

设 $\boldsymbol{u}\in R^n$ 满足条件 $\|\boldsymbol{u}\|_2=1$，则称初等矩阵 $\boldsymbol{H}(2,\boldsymbol{u},\boldsymbol{u})$ 为反射矩阵，简记为 $\boldsymbol{H}$. 显然，反射矩阵是对称的，且

$$
\boldsymbol{H}^{\mathrm{T}}\boldsymbol{H}=(\boldsymbol{I}-2\boldsymbol{u}\boldsymbol{u}^{\mathrm{T}})(I-2\boldsymbol{u}^{\mathrm{T}}\boldsymbol{u})=\boldsymbol{I}-4\boldsymbol{u}\boldsymbol{u}^{\mathrm{T}}+4\boldsymbol{u}(\boldsymbol{u}^T\boldsymbol{u})\boldsymbol{u}^T=\boldsymbol{I}
$$

即反射矩阵是正交矩阵. 因此 $\boldsymbol{H}^T=\boldsymbol{H}^{-1}=\boldsymbol{H}$.

(4) 消去矩阵

消去矩阵的作用是用它左乘矩阵 $\boldsymbol{A}$ 后，可将 $\boldsymbol{A}$ 的第 i 行减去第 j 行的 μ 倍. 它是初等矩阵 $\boldsymbol{H}(\mu,\boldsymbol{e}_i,\boldsymbol{e}_j)$，简记为 $\boldsymbol{I}_{ij}(\mu)$. 易见

$$\boldsymbol{I}_{ij}(\mu)=\boldsymbol{I}-\mu\boldsymbol{e}_i\boldsymbol{e}_j^{\mathrm{T}}=\begin{bmatrix}1 & & & & & & \\ & \ddots & & & & & \\ & & 1 & & & & \\ & & & \ddots & & & \\ & & -\mu & & 1 & & \\ & & & & & \ddots & \\ & & & & & & 1\end{bmatrix}=\begin{bmatrix}\boldsymbol{e}_1^{\mathrm{T}}\\ \vdots \\ \boldsymbol{e}_{i-1}^{\mathrm{T}}\\ \boldsymbol{e}_i^{\mathrm{T}}-\mu\boldsymbol{e}_j^{\mathrm{T}}\\ \boldsymbol{e}_{i+1}^{\mathrm{T}}\\ \vdots \\ \boldsymbol{e}_n^{\mathrm{T}}\end{bmatrix}$$

第 i 列　　第 i 列

所以

$$\boldsymbol{I}_{ij}(\mu)\boldsymbol{A}=\begin{bmatrix}\boldsymbol{a}^{(1)\mathrm{T}}\\ \vdots \\ \boldsymbol{a}^{i-1\mathrm{T}}\\ \boldsymbol{a}^{(i)\mathrm{T}}-\mu\boldsymbol{a}^{(j)T}\\ \boldsymbol{a}^{(i+1)\mathrm{T}}\\ \vdots \\ \boldsymbol{a}^{(n)\mathrm{T}}\end{bmatrix}$$

习题参考答案

第 1 章

3. (1) 4097, 0.11111111×2^8, -0.11111111×2^8, $\pm 0.10000000\times 2^{-7}$

   (2) 0.11101000×2^2, 0.11101110×2^6

   (3) 0.11111101×2^6

4. 按 k 递减，结果 1.5692（而按递增；结果 1.5690）；

5. 用“$721+38\sqrt{360}$”

6. 最后一个计算式：0.00025509；原因：避免相近数相减，避免大数相乘，减少运算次数.

7. (1) $y=\frac{1}{2}[2x+\frac{(2x)^2}{2!}+\frac{(2x)^3}{3!}+\cdots]$

   (2) $y=\frac{2x^2}{(1+x)(1+2x)}$

   (3) $y=\frac{2}{\sqrt{x}(\sqrt{x^2+1}+\sqrt{x^2-1})}$

   (4) $y=\frac{q^2}{p+\sqrt{p^2+q^2}}$

8. $x_1=55.98$　$x_2=0.01786$

第 2 章

1. (1) $\boldsymbol{x}^*=\begin{pmatrix}3\\1\\2\end{pmatrix}$，(2) $\boldsymbol{x}^*=\begin{pmatrix}2\\-1\\2\\-1\end{pmatrix}$，(3) 无法解，(4) $\boldsymbol{x}^*=\begin{pmatrix}1\\2\\3\\4\end{pmatrix}$，(5) $\boldsymbol{x}^*=\begin{pmatrix}3\\-2\\2\\-1\end{pmatrix}$

2. (3) $\boldsymbol{x}^*=\frac{1}{32}(-17,39,-10,-39)^{\mathrm{T}}\approx(-0.5312,1.2188,-0.3125,-1.2188)^{\mathrm{T}}$，其他同第 1 题

4. (1) $\begin{pmatrix}2&-2&-1\\3&-1&2\\1&2&3\end{pmatrix}=\begin{pmatrix}1&&\\\frac{3}{2}&1&\\\frac{1}{2}&\frac{3}{2}&1\end{pmatrix}\begin{pmatrix}2&-2&-1\\&2&\frac{1}{2}\\&&\frac{7}{4}\end{pmatrix}$

(2) $\begin{pmatrix}1&2&1&-2\\2&5&3&-2\\-2&-2&3&5\\1&3&2&3\end{pmatrix}=\begin{pmatrix}1&&&\\2&1&&\\-2&2&1&\\1&2&0&1\end{pmatrix}\begin{pmatrix}1&2&1&-2\\&1&1&2\\&&3&-3\\&&&3\end{pmatrix}$

(4) $\begin{pmatrix}1&2&3&4\\2&3&4&5\\3&4&4&5\\4&5&5&7\end{pmatrix}=\begin{pmatrix}1&&&\\2&1&&\\3&2&1&\\4&3&1&1\end{pmatrix}\begin{pmatrix}1&2&3&4\\&-1&-2&-3\\&&-1&-1\\&&&1\end{pmatrix}$

(5) $\begin{pmatrix}1&2&3&4\\2&5&4&5\\3&4&15&16\\4&5&16&30\end{pmatrix}=\begin{pmatrix}1&&&\\2&1&&\\3&-2&1&\\4&-3&-1&1\end{pmatrix}\begin{pmatrix}1&2&3&4\\&1&-2&-3\\&&2&-2\\&&&3\end{pmatrix}$

5. $\boldsymbol{x}^*=(26.8293, 7.3171, 2.4390, 2.4390, 7.3171, 26.8293)^T$

6. $\|\boldsymbol{A}_1\|_1=16$, $\|\boldsymbol{A}_1\|_2=12$, $\|\boldsymbol{A}_1\|_\infty=16$

$\|\boldsymbol{A}_2\|_1=\frac{11}{6}$, $\|\boldsymbol{A}_2\|_2=1.4083$, $\|\boldsymbol{A}_2\|_\infty=\frac{11}{6}$

$\mathrm{Cond}_1(\boldsymbol{A}_1)=\mathrm{Cond}_\infty(\boldsymbol{A}_1)=\frac{40}{9}$ $\mathrm{Cond}_2(\boldsymbol{A}_1)=2$

$\mathrm{Cond}_1(\boldsymbol{A}_2)=\mathrm{Cond}_\infty(\boldsymbol{A}_2)=748$ $\mathrm{Cond}_2(\boldsymbol{A}_2)=524$

$\boldsymbol{A}_1^{-1}=\begin{pmatrix}0.0139&-0.1111&-0.0694\\-0.1111&0.0556&-0.1111\\-0.0694&-0.1111&0.0139\end{pmatrix}$, $\boldsymbol{A}_2^{-1}\begin{pmatrix}9.0000&-36.0000&30.0000\\-36.0000&192.0000&-180.0000\\30.0000&-180.0000&180.0000\end{pmatrix}$

$\|\boldsymbol{A}_1^{-1}\|_2=0.1666\cdots$, $\|\boldsymbol{A}_2^{-1}\|_2=372.1151\cdots$

8. $\boldsymbol{A}_1$:Gauss-Seidel 迭代收敛，Jacobi 迭代不收敛；

$\boldsymbol{A}_2$：Gauss-Seidel 迭代收敛，Jacobi 迭代不收敛；

$\boldsymbol{A}_3$:Gauss-Seidel 迭代收敛，Jacobi 迭代收敛；

第 3 章

1. $$L(x)=\frac{(x-1.36)(x-1.14)}{(1.45-1.36)(1.45-1.14)}\times 3.14+\frac{(x-1.45)(x-1.36)}{(1.36-1.45)(1.36-1.14)}\times 4.15+\frac{(x-1.45)(x-1.36)}{(1.14-1.45)(1.14-1.36)}\times 5.65$$

2. $L(x)=\frac{(x-12)(x-13)(x-14)(x-15)}{24}\times 16105$

$$+\frac{(x-11)(x-13)(x-14)(x-15)}{-6}\times 22621$$

$$+\frac{(x-11)(x-12)(x-14)(x-15)}{4}\times 30041$$

$$+\frac{(x-11)(x-12)(x-13)(x-15)}{-6}\times 41371$$

$$+\frac{(x-11)(x-12)(x-13)(x-14)}{-24}\times 54241$$

3. 设 $y=y(x)$，其反函数是以 y 为自变量的函数 $x=x(y)$，对 $x(y)$ 作插值多项式：

$$\begin{aligned}N(y)=&0.1000-0.3350(y-0.7001)\\&+0.009640(y-0.7001)(y-0.4016)\\&+0.01531(y-0.7001)(y-0.4016)(y-0.1081)\\&+0.01253(y-0.7001)(y-0.4016)(y-0.1081)(y-0.1744)\end{aligned}$$

$N(0)=0.3376$ 是 $y(x)=0$ 在[0.3,0.4]中的近似根.

4. $p_5(x)=1+2x-28x^2+44x^3-23x^4+4x^5$

5. 最小二乘一次式：$y=4.9655+3.2593x$

$Ga-y=(-0.10092, 0.04271, 0.10654, 0.06247, -0.11080)^T$

误差：$\|Ga-y\|_2=0.19884$

6. $\alpha=1.135938875, \beta=1.026117757$

9. $f[m,n,-2]=0$

11. $A=\frac{3}{2}, B=\frac{1}{2}, C=\frac{3}{2}, D=\frac{7}{2}$；

12. $$\begin{cases}s_1(x)=\frac{A-2B+C}{4h^3}(x-x_0)^3\\ -\frac{1}{4h}(A-6B+C)(x-x_0)+\frac{A}{h}(x_1-x) & x_0\leqslant x\leqslant x_1\\ s_2(x)=\frac{A-2B+C}{4h^3}(x_2-x)^3\\ +\frac{C}{h}(x-x_1)-\frac{1}{4h}(A-6B+C)(x_2-x) & x_1\leqslant x\leqslant x_2\end{cases}$$

第 4 章

4. (1) 0.6931　(2) 0.2245　(3) 3.4543　(4) 1.8428　(5) 0.5269

5. 步长：$h=0.4\times 10^{-2}(n=750)$

计算公式：$\ln 2 \approx \frac{h}{4}[1+2\sum_{i=1}^{749}\frac{1}{1+ih}+\frac{1}{4}], E \leqslant -\frac{1}{2}\times 10^{-4}$

6. (1) $\int_{-1}^{1} f(x)\mathrm{d}x = 2f(0)+\frac{1}{6}f''(\eta), -1<\eta<1$

(1) $\int_{-1}^{1} f(x)\mathrm{d}x = \frac{2}{3}[2f(-\frac{1}{2})-f(0)+2f(\frac{1}{2})]+\frac{7}{720}f^{(4)}(\eta)$

(3) $\int_{0}^{2h} f(x)\mathrm{d}x = \frac{h}{3}[f(0)+4f(h)+f(2h)]-\frac{h^5}{90}f^{(4)}(\eta)$

(4) $\int_{0}^{h} f(x)\mathrm{d}x = \frac{h}{2}[f(0)+f(h)]+\frac{h^2}{12}[f'(0)-f'(h)]+\frac{h^5}{720}f^{(4)}(\eta)$

(5) $\int_{-1}^{1} f(x)\mathrm{d}x = [f(-\frac{1}{\sqrt{3}})+f(\frac{1}{\sqrt{3}})]+\frac{1}{135}f^{(4)}(\eta)$

7. $h=0.01, f'(1.0)\approx -0.24800; h=0.0001, f'(1.0)\approx -0.20000\times 10^{-1}$；

9. $f''(x_0)\approx \frac{1}{h^2}[f(x_0)-2f(x_0+h)+f(x_0+2h)]$

$e=f''(x_0)-\frac{1}{h^2}[f(x_0)-2f(x_0+h)+f(x_0+2h)]=-hf'''(x_0)+O(h^2)$

10. $f'(\frac{\pi}{2})=-0.999999998$

第5章

1.（准确解）$x^*=1.465571232$

2. (1) $x^*=0.567143290$

3. 实根：$\pm 0.7071\cdots, 2$

5. $x^*=0.301709563\cdots$，迭代例如：$x=\varphi(x)=\exp(x-1.5)$